非物质文化遗产技艺传承与传播丛书

专项职业能力考核培训教材

静观花木蟠扎

重庆市职业技能鉴定指导中心
重庆市北碚区静观镇人民政府　组织编写

中国劳动社会保障出版社

图书在版编目(CIP)数据

静观花木蟠扎 / 重庆市职业技能鉴定指导中心，重庆市北碚区静观镇人民政府组织编写. -- 北京：中国劳动社会保障出版社，2025. --（非物质文化遗产技艺传承与传播丛书）（专项职业能力考核培训教材）. -- ISBN 978-7-5167-6870-9

Ⅰ．S68

中国国家版本馆 CIP 数据核字第 2025JV1217 号

中国劳动社会保障出版社出版发行

（北京市惠新东街 1 号　邮政编码：100029）

＊

北京市白帆印务有限公司印刷装订　　新华书店经销

787 毫米 × 1092 毫米　16 开本　8.75 印张　162 千字
2025 年 3 月第 1 版　2025 年 3 月第 1 次印刷

定价：35.00 元

营销中心电话：400-606-6496

出版社网址：https://www.class.com.cn

版权专有　　侵权必究

如有印装差错，请与本社联系调换：（010）81211666

我社将与版权执法机关配合，大力打击盗印、销售和使用盗版图书活动，敬请广大读者协助举报，经查实将给予举报者奖励。

举报电话：（010）64954652

本书编委会

主　任　王华源

副主任　宋　琦　王　勇

委　员　刘珊珊　邓仁康　罗统碧　贺贵川　李忠良

本书编审人员

主　编　潘渝冬　邱砺锋

副主编　梁　靖　张　蓉

编　者　刘　昕　汤　勤　严　涛　田一卫　田　伦　刘支勇

　　　　聂廷学

主　审　李国铖

审　稿　黄先胜

前　言

职业技能培训是全面提升劳动者就业创业能力、促进充分就业、提高就业质量的根本举措，是适应经济发展新常态、培育经济发展新动能、推进供给侧结构性改革的内在要求，对推动大众创业万众创新、推进制造强国建设、推动经济高质量发展具有重要意义。

为了加强职业技能培训，《国务院关于推行终身职业技能培训制度的意见》（国发〔2018〕11号）、《人力资源社会保障部　教育部　发展改革委　财政部关于印发"十四五"职业技能培训规划的通知》（人社部发〔2021〕102号）提出，要完善多元化评价方式，促进评价结果有机衔接，健全以职业资格评价、职业技能等级认定和专项职业能力考核等为主要内容的技能人才评价制度；要鼓励地方紧密结合乡村振兴、特色产业和非物质文化遗产传承项目等，组织开发专项职业能力考核项目。

专项职业能力是可就业的最小技能单元，劳动者经过培训掌握了专项职业能力后，意味着可以胜任相应岗位的工作。专项职业能力考核是对劳动者是否掌握专项职业能力所做出的客观评价，通过考核的人员可获得专项职业能力证书。

为配合专项职业能力考核工作，在人力资源社会保障部教材办公室指导下，重庆市职业技能鉴定指导中心、重庆市北碚区静观镇人民政府组织有关方面的专家编写了专项职业能力考核培训教材。教材严格按照专项职业能力考核规范编写，内容充分反映了专项职业能力考核规范中的核心知识点与技能点,较好地体现了科学性、适用性、先进性与前瞻性。相关行业和考核培训方面的专家参与了教材的编审工作,保证了教材内容与考核规范、题库的紧密衔接。

专项职业能力考核培训教材突出了适应职业技能培训的特色,不但有助于读者通过考核,而且有助于读者真正掌握相关知识与技能。

本教材在编写过程中得到了中共重庆市北碚区委人才工作领导小组办公室、重庆市北碚区人力资源和社会保障局、重庆市北碚区农业农村委员会、重庆市北碚区林业局、重庆市北碚职业教育中心等单位的大力支持与协助,教材中部分作品由重庆市非物质文化遗产静观花木蟠扎技艺传承人聂廷学、重庆市盆景艺术大师姚志安、重庆市盆景艺术大师唐波、重庆市盆景艺术大师和国家级乡村工匠名师罗继明以及黄先胜、祝贵祥提供,在此表示衷心感谢。

教材编写是一项探索性工作,由于时间紧迫,不足之处在所难免,欢迎各使用单位及读者提出宝贵意见和建议,以便教材修订时补充更正。

目　录

培训任务 1　静观花木蟠扎基础知识

学习单元 1　蟠扎和盆景制作知识 …………………………………… 2

测试题 ………………………………………………………………… 8

测试题参考答案 ……………………………………………………… 9

学习单元 2　盆景和静观花木蟠扎知识 ………………………………… 10

测试题 ………………………………………………………………… 15

测试题参考答案 ……………………………………………………… 16

学习单元 3　静观花木蟠扎的文化内涵 ………………………………… 17

测试题 ………………………………………………………………… 21

测试题参考答案 ……………………………………………………… 21

培训任务 2　工具、材料和基本技法

学习单元 1　常用工具和材料 …………………………………………… 24

测试题 ………………………………………………………………… 31

测试题参考答案 ……………………………………………………… 32

学习单元 2　静观花木蟠扎基本技法 …………………………………… 33

测试题 ………………………………………………………………… 53

测试题参考答案 ……………………………………………………… 54

培训任务 3　静观花木蟠扎造型

学习单元 1　规则式造型 …………………………………………… 56
测试题 ……………………………………………………………… 91
测试题参考答案 …………………………………………………… 93
学习单元 2　自然式造型 …………………………………………… 94
测试题 ……………………………………………………………… 102
测试题参考答案 …………………………………………………… 103

培训任务 4　盆景花木的选择和养护

学习单元 1　盆景花木的选择 …………………………………… 106
测试题 ……………………………………………………………… 112
测试题参考答案 …………………………………………………… 113
学习单元 2　盆景花木的养护 …………………………………… 114
测试题 ……………………………………………………………… 128
测试题参考答案 …………………………………………………… 129

附录 1　静观花木蟠扎专项职业能力考核规范 ……………………… 130
附录 2　静观花木蟠扎专项职业能力培训课程规范 ………………… 132

培训任务 1

静观花木蟠扎基础知识

任务目标

了解蟠扎的概念、作用。

熟悉静观花木蟠扎的特色。

能够理解静观花木蟠扎的文化价值、历史传承。

能够理解蟠扎的应用目的,产生学习静观花木蟠扎的兴趣。

学习单元 1

蟠扎和盆景制作知识

一、蟠扎的概念

蟠扎又称盘扎、攀扎，是指人为修剪枝条，并通过外力做出枝干造型，使植物的形态发生改变，以提高观赏性的技法。蟠扎主要用于盆景植物的造型制作，也可用于园景树的造型制作，还可用于花木果树的丰产。按使用材料不同，蟠扎可以分为棕丝蟠扎和金属丝蟠扎两种。

二、蟠扎的作用

蟠扎的作用主要体现在以下 5 个方面。

1. 调整树势，稳定树形

通过蟠扎可以调整树势，稳定树形，防止枝干歪斜和折断，提高树体的抗风能力和稳定性，有利于花木均衡生长。

2. 塑造树形，用于观赏

通过蟠扎可以控制枝条的生长方向，使树形按照设计的造型生长，从而打造形态独特的园景树，提高其观赏价值。

3. 矫正枝条，利于生长

通过蟠扎可以适当矫正枝条的分布情况，从而改善通风条件、提高光照效率、促进枝条健康生长、提升管理便捷性，使植物能更好地适应周围环境，有利于其健康生长。

4. 促进花芽分化

对于观花类和观果类盆景，适时地通过蟠扎来抑制营养生长，可以刺激生殖发育，促进花芽分化，有利于果实的形成。

5. 提高盆景价值

通过蟠扎可以创造独特的盆景造型，提高盆景的艺术价值和观赏价值。

三、蟠扎与盆景制作

盆景即"盆中之景"，是指以植物和山石作为基本材料，在一定盆钵空间内表现自然景观的艺术作品。盆景是有生命的微型立体景观，它缩地成寸、小中见大、富有意境，能让观赏者以景抒怀。正所谓"方寸之间见天地，细微之处有乾坤"，而要达到"一峰则太华千寻，一勺则江湖万里"的效果，则主要通过"丈山、尺树、寸马、分人"的比例进行对比制作。例如，制作树桩盆景就是要将"高不盈尺"的"小树苗"培养成"大树"的形态，产生"一苗如古树参天"的景观效果。

树桩盆景的制作步骤可以归纳为"一提根、二顿节、三拿弯、四做片、五收顶"。盆景艺人运用不同的蟠扎技术，采用适当的栽培方法，制作出符合自然美感的盆景作品，使树桩的每一部分都极具观赏价值，追求"虽为人作，宛若天成"的艺术效果。盆景制作方法主要如下。

1. 根部造型方法

常用的根部造型方法有扩根法（用板材让根系平铺生长）、附石法（将根系绑扎在石头上，让其缠绕石头生长）和高培土法（先加高垫土，再逐步去土露根）。对根部做造型是为了达到盘根错节、悬根露爪的效果。扩根法和扩根效果分别如图1-1和图1-2所示。附石法和附石效果分别如图1-3和图1-4所示。高培土法和高培土效果分别如图1-5和图1-6所示。

图1-1 扩根法

图1-2 扩根效果(盆景创作:唐波)

图1-3 附石法

图1-4 附石效果(盆景创作:祝贵祥)

图1-5 高培土法

图1-6 高培土效果(盆景创作:唐波)

2. 树干造型方法

树干是植物的主要观赏部位，也是蟠扎的主要对象。对树干做造型时，多用棕丝或金属丝将树干弯曲成合适的形状，使其更具有观赏性。树干棕丝蟠扎效果如图1-7所示，树干金属丝蟠扎效果如图1-8所示。

图1-7 树干棕丝蟠扎效果

图1-8 树干金属丝蟠扎效果（盆景创作：黄先胜）

对于树干过高的花木，一般采用截干蓄枝养冠法做造型（见图1-9），即在适合的高度去顶，培养新枝代替主干（见图1-10）。另外一种养桩蓄枝培冠法与截干蓄枝养冠法类似，只是留下的老桩更短、更粗，这样能使树桩盆景具有"大树"才有的粗高比，如图1-11所示。

图1-9 采用截干蓄枝养冠法做造型（取景自盆中乐盆景园）

图 1-10　培养新枝代替主干（盆景创作：姚志安）　图 1-11　养桩蓄枝培冠造型（盆景创作：唐波）

3. "树干作古" 造型方法

古树多因病变或受损而出现树洞、枯梢、掉皮、倾斜等现象。为了模仿古树形态，常用的"树干作古"造型方法有很多，如撬刻树皮、撕干攀折、挖干造洞等，主要是通过劈、凿、雕、刻、撕、磨、碰、蚀、染、灼等技法适度伤害树干，以达到作古的目的。"树干作古"效果如图 1-12 所示。

撬刻树皮（盆景创作：罗继明）

撕干攀折（盆景创作：罗继明）　　挖干造洞（盆景创作：唐波）

图 1-12　"树干作古"效果

4. 叶幕造型方法

在花木自然生长过程中，受重力作用影响，侧枝与主干的分枝角会逐步加大，出现侧枝平伸甚至下垂的情况。所以，蟠扎时可以采用攀、吊、拉、扎等方法控制侧枝的出枝方向。

成年大树的枝盘多为片状或团状的，俗称叶幕。成年大树枝叶分布较为均匀，相互重叠部分较少，故蟠扎时会运用平枝法、滚枝法等技法来形成叶幕。造型对比效果如下：未蟠扎、修剪时侧枝凌乱，如图 1-13 所示；蟠扎、修剪后侧枝形成叶幕，如图 1-14 所示。

图 1-13　未蟠扎、修剪时侧枝凌乱
（盆景创作：祝贵祥）

图 1-14　蟠扎、修剪后侧枝形成叶幕

5. 树冠造型方法

通过采用修剪、蟠扎等方法可以控制树冠形态，各种形态的树冠特点不同。尖塔状树冠（见图 1-15）给人以欣欣向荣的感觉；宽椭圆形树冠（见图 1-16）亭亭如盖、重心稳固，给人以稳重的感觉；伞状树冠（见图 1-17）给人以遮风挡雨的踏实感；圆球状树冠饱满圆润，给人以温和之感；残缺的树冠表现面对大自然的无情时，植物顽强的生命力。

图 1-15　尖塔状树冠
（盆景创作：祝贵祥）

图 1-16　宽椭圆形树冠（盆景创作：罗继明）

图 1-17　伞状树冠（盆景创作：唐波）

测试题

一、判断题（下列判断正确的请打"√"，错误的请打"×"）

1. 蟠扎是指人为修剪枝条，并通过外力做出枝干造型，使植物的形态发生改变，以提高观赏性的技法。（　　）

2. 蟠扎主要用于盆景植物和园景树的造型制作。（　　）

3. 盆景是指使用植物和山石，在有限空间内表现自然景观的艺术作品。（　　）

4. 售楼处的沙盘是一种现代盆景。（　　）

5. 采用叶幕造型方法主要是为了增加枝叶相互重叠的部分，以提高观赏性。

（　　）

二、单项选择题（选择一个正确的答案，将相应的字母填入题内的括号中）

1. 在盆景制作中，按照"丈山、尺树、寸马、分人"的比例进行对比，目的是（　　）。

   A. 多容纳不同种类的植物

   B. 使盆景植物生长更快

   C. 小中见大，使盆景具有自然景观的宏大效果

   D. 使盆景更适合在室内摆放

2. 在盆景制作步骤中，"一提根"是指（　　）。

   A. 提升土壤的高度，以保持肥水充足

   B. 提升树根的位置，以产生露根效果

   C. 增加根部的水分，以保证植物成活

   D. 提高树干的弯曲度，以提升美感

3. 对树干做造型时，多用（　　）将树干弯曲成合适的形状。

A. 编织带　　　　　　　　　　　B. 棕丝或金属丝

C. 尼龙绳　　　　　　　　　　　D. 橡皮筋

4. 截干蓄枝养冠法一般用于（　　）的花木。

A. 树干过高　　　　　　　　　　B. 树干柔软

C. 花朵丰富　　　　　　　　　　D. 根系较浅

5. "树干作古"造型方法主要通过（　　）达到作古目的。

A. 适度浇水和施肥　　　　　　　B. 适度喷洒药物

C. 适度蟠扎和疏枝　　　　　　　D. 适度伤害树干

测试题参考答案

一、判断题

1. √　2. √　3. √　4. ×　5. ×

二、单项选择题

1. C　2. B　3. B　4. A　5. D

学习单元 2

盆景和静观花木蟠扎知识

一、盆景的类型和流派

1. 盆景的类型

传统盆景主要分为两大类——山水盆景和树桩盆景。山水盆景（见图 1-18）以山石为主，主要表现山水风光；树桩盆景（见图 1-19）以树木为主，主要表现葱茏的森林景象。

图 1-18　山水盆景（盆景创作：姚志安）

图 1-19　树桩盆景（盆景创作：罗继明）

2. 盆景的流派

中国地大物博，不同地区拥有不同的植物类型和自然景色，加之文化习俗有差异，因而发展出各具特色的盆景流派。

（1）岭南派。岭南派形成于广东省，多采用截干蓄枝的方法，盆景布局严谨，具有苍劲自然、飘逸豪放的特点。

（2）川派。川派以重庆市、四川省为发祥地，重视蟠扎技法，盆景具有虬曲多姿、苍古雄奇的特点，旨在展现巴蜀山水的雄峻、高险。

（3）苏派。苏派以苏州市为发祥地，多采用粗扎细剪的方法，盆景具有古雅质朴、精致典雅的特点。

（4）扬派。扬派以扬州市为发祥地，多利用棕丝，采用精扎精剪的方法，盆景具有严整庄重、层次分明的特点。

（5）海派。海派以上海市为发祥地，其发展历史较短，首创金属丝蟠扎技法，盆景具有明快流畅、开放包容的特点。海派不拘一格，不受任何制式限制，讲究师法自然、苍山如画，对中国现代盆景的发展产生深远影响。

二、树桩盆景的类型

树桩盆景因造型手法不同，通常分为规则式、自然式两类。

1. 规则式树桩盆景

规则式树桩盆景多采用传统的形式，按照一定的规则和标准，通过修剪、蟠扎等技术手段，使树木呈现特定形态。规则式树桩盆景强调树木的规则美和秩序美，追求严谨、规范、精致的艺术效果，烘托庄重、华贵的艺术气氛。规则式树桩盆景适合对称布置在厅堂或门庭。规则式树桩盆景的造型技法也广泛应用于园景树的造型过程中。

在制作规则式树桩盆景的过程中，盆景艺人一方面从大自然汲取灵感，模仿老树的姿态；另一方面从绘画作品中受到启发。在历代艺术家、文人和工匠的共同努力下，树木在空间结构、树冠形状和外观特点等方面的变化规律被逐步总结出来，并形成规则和标准被传承、推广至今。

静观花木蟠扎作品以规则式树桩盆景为主，常见的有方拐式作品（见图1-20）、掉拐式作品（见图1-21）等，多数作品遵循严格的造型要求。

图1-20　方拐式作品

图1-21　掉拐式作品

规则式树桩盆景造型不仅常见于川派，在其他盆景流派或其他地区盆景造型中同样占有一定地位。例如，扬派"云片式"作品（见图1-22）、苏派"六台三拖一顶"作品（见图1-23）、安徽"游龙弯"作品（见图1-24）等，都属于规则式树桩盆景造型。

图1-22　扬派"云片式"作品

图1-23　苏派"六台三拖一顶"作品

图 1-24　安徽 "游龙弯" 作品

2. 自然式树桩盆景

自然式树桩盆景是指根据树木的自然形态和生长习性,通过修剪、蟠扎等技术手段,使其呈现自然生动的形态。自然式树桩盆景强调树木的自然美和个性美,突出其形状多变、姿态万千的特点,追求自然、简洁、大气的艺术效果。自然式树桩盆景之悬崖式如图 1-25 所示,自然式树桩盆景之丛林式如图 1-26 所示。

图 1-25　自然式树桩盆景之悬崖式
（盆景创作：姚志安）

图 1-26　自然式树桩盆景之丛林式
（盆景创作：祝贵祥）

三、静观花木蟠扎的特色

川派盆景历史悠久，源远流长。

川派山水盆景或大开大合、雄伟壮观，表现山河壮丽；或山石嶙峋、高低不平，表现山势险峻；或错落有致、疏密得当，表现小桥流水的恬静。川派树桩盆景或树干粗壮、虬曲多姿，或枝叶丰茂、花果艳丽，或树冠秀雅、古朴自然，极具地方特色。其中，自然式树桩盆景多以自然界古树为原型，通过刻意模仿、精心修剪，达到源于自然、高于自然的艺术效果。自然式树桩盆景大体上分为5种基本形式——立式（见图1-27）、俯式、卧式、大悬崖式（见图1-28）、小悬崖式。

图1-27　自然式树桩盆景之立式
（盆景创作：黄先胜）

图1-28　自然式树桩盆景之大悬崖式
（盆景创作：姚志安）

川派盆景按地理位置又分为川东盆景和川西盆景。重庆地区属于原四川省川东地区。1997年，重庆成为直辖市后，川东盆景又称渝派盆景。可以说，渝派盆景是川派盆景的一个分支，两者有极深的渊源。

静观花木蟠扎作为渝派盆景蟠扎技艺代表，吸取川派盆景的精髓，以传统的规则式蟠扎为最大特点，且以主干造型为主，讲究身法、枝法和丝法。其作品主干的弯曲度和方向，以及枝条的盘曲形态都极为讲究。

静观规则式盆景多不配石，不布山，不点缀物，也不做地貌处理。常见的静观规则式蟠扎造型有掉拐式、方拐式、对拐式（见图1-29）、三弯九倒拐式、滚龙抱柱式（见图1-30）、直身加冕式（见图1-31）等。这些造型传承数百年，具有极强的历史价值、文化价值和美学价值。

静观花木蟠扎技艺是重庆市非物质文化遗产，需要业内人士一起保护与传承。

图 1-29　对拐式　　　　　图 1-30　滚龙抱柱式　　　　图 1-31　直身加冕式
（盆景创作：聂廷学）　　（盆景创作：黄先胜）

测试题

一、判断题（下列判断正确的请打"√"，错误的请打"×"）

1. 盆景的制作材料有植物、山石等，其塑造的是自然景观。（　　）
2. 规则式树桩盆景多采用传统的形式，按照一定的规则和标准，通过修剪、蟠扎等技术手段，使树木呈现特定形态。（　　）
3. 自然式树桩盆景大体上分为立式、俯式、卧式、大悬崖式、小悬崖式等 5 种基本形式。（　　）
4. 静观规则式盆景多不配石，不布山，不点缀物，也不做地貌处理。（　　）
5. 制作树桩盆景的规则式蟠扎技法是静观花木蟠扎技艺所独有的。（　　）

二、单项选择题（选择一个正确的答案，将相应的字母填入题内的括号中）

1. 盆景主要分为（　　）两类。

A. 山水盆景和树桩盆景

B. 水旱盆景和花草盆景

C. 微型盆景和多肉盆景

D. 挂壁盆景和水缸盆景

2. 静观花木蟠扎技艺属于（　　）。

A. 岭南派　　　　B. 川派　　　　　C. 苏派　　　　　D. 海派

3. 自然式树桩盆景强调树木的（　　）。

A. 规则美　　　　　　　　　　　B. 自然美

C. 精致美　　　　　　　　　　　D. 细节美

4. 规则式树桩盆景追求（　　）的艺术效果。
　A. 自然、简洁　　　　　　　　　B. 严谨、规范
　C. 大气、明快　　　　　　　　　D. 精致、小巧

测试题参考答案

一、判断题

1. √ 2. √ 3. √ 4. √ 5. ×

二、单项选择题

1. A 2. B 3. B 4. B

学习单元 3

静观花木蟠扎的文化内涵

一、静观花木蟠扎的文化价值

1. 自然美

静观花木蟠扎既源于自然又高于自然,是对自然界的模仿与艺术概括。它取山水之美、树木之韵、花卉之艳,摒弃自然的凌乱之感,将大自然的生机巧妙地融入有限的空间中。静观花木蟠扎既能模仿大自然的风貌,又能表达人对大自然的审美理解。

2. 技艺美

静观花木蟠扎是通过对花木进行修剪和塑形来表现盆景之美的。静观花木蟠扎艺人需要具备一定的空间想象力和艺术创造力,同时熟悉花木的生长规律和习性要求。静观花木蟠扎艺人通过扭曲、弯曲等手法对花木进行精细的蟠扎,同时调整枝干的位置和方向,使花木呈现独特的形态和美感。

静观花木蟠扎经历了先从简到繁、再从繁到简的造型过程。初期的"简"是指简单,后期的"简"则是指简练。

3. 格律美

静观花木蟠扎的最大特点是规则式蟠扎。其艺术效果类似于古典诗歌的"格律化",遵循对称美、平衡美和韵律美等传统美学原则。这种技法以严谨的"格律"作为基本造型原则，讲究稳重与平衡，摒弃矫揉造作之态。

4. 意境美

意境美不仅蕴含视觉层面的美，还蕴含情感层面的美。静观花木蟠扎的意境美让观赏者获得视觉享受的同时，激发其深层的情感共鸣，引导观赏者产生丰富的联想，感受盆景所表达的内在情感，达到景有尽而意无穷的境界。

二、静观花木蟠扎的历史传承

重庆市北碚区静观镇的花木种植历史可以追溯至南宋乾道四年（公元1168年），至今已有800多年的历史。静观镇是川派盆景的发祥地之一，其独特的蟠扎技艺至今已有500多年的历史。静观镇盆景作品种类丰富、传承有序，展现了盆景艺人精湛的技术水平。静观镇山石盆景作品如图1-32所示，静观镇树桩盆景作品如图1-33所示。

图1-32　静观镇山石盆景作品（取景自盆中乐盆景园）

图1-33　静观镇树桩盆景作品（取景自东篱园盆景专业合作社）

静观花木蟠扎以规则式造型著称，艺人用自己的巧手，将普通的树桩塑造出生动的形态和独特的风格，自成体系，独树一帜。

静观花木蟠扎在发展过程中，在传承传统技艺的基础上，还融合了当地的文化特色和审美理念，最终形成独特的地方性艺术表现形式。

静观花木蟠扎还具有一定的国际影响力。早在1999年，联合国教科文组织19个成员国和地区的专家学者曾到访静观镇，对静观花木蟠扎技艺给予了高度评价。

2000年6月，静观镇被原国家林业局、中国花卉协会授予"中国花木之乡"的称号，如图1-34所示。2009年9月，《重庆市人民政府关于公布第二批市级非物质文化遗产名录的通知》（渝府发〔2009〕94号）发布，"静观花木蟠扎技艺"进入重庆市级非物质文化遗产名录，如图1-35所示。静观镇定期举办文化艺术节、花木蟠扎技艺大赛等活动，以促进文化的交流与传承。同时，静观镇将蟠扎技艺与文旅市场相结合，吸引了众多国内外游客的关注，促进了当地经济的发展。在政府扶持下，静观花木文化艺术交流中心、盆景合作社、盆景协会等机构，致力于组织开展静观花木蟠扎技艺的学习、体验和交流活动，并提供多样化的艺术文化培训项目，为静观花木蟠扎爱好者提供了体验和深入学习的机会。

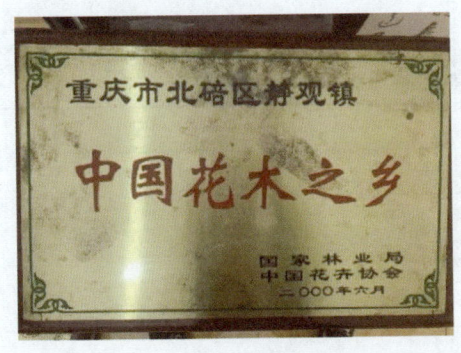

图1-34　挂牌"中国花木之乡"

图1-35　挂牌"重庆市非物质文化遗产"

面对现代化的挑战，静观花木蟠扎需要在传承传统技艺的基础上，不断谋求创新性发展，以适应新时代的审美需求。静观镇将进一步加强对静观花木蟠扎技艺的推广和保护，通过组织培训、举办展览和开展文化交流活动等，让更多的人了解并参与这项独特技艺的保护和发展工作中。

技能要求

静观花木蟠扎技艺初探

静观花木蟠扎技艺初探是一项结合传统文化和自然美学的实践活动，学员通过对其历史渊源、文化特点、传承发展进行探索，可以更深入地理解这一独特技艺的魅力和价值。

静观花木蟠扎

操作准备

1. 准备资料，如静观花木蟠扎的历史资料、技术资料、文化资料等，可以是文件、图片、视频等形式。

2. 准备工具材料和实物作品。

3. 若条件允许，可以邀请蟠扎工匠、技术人员等进行讲解、示范。

操作步骤

步骤 1 通过展示各类资料和实物作品等，为学员介绍静观花木蟠扎技艺的文化背景、历史传承等知识。

步骤 2 通过现场操作，为学员展示静观花木蟠扎技艺的特点，并介绍其价值。

步骤 3 通过参观，让学员了解静观花木蟠扎技艺的传承措施与发展方向。

步骤 4 由学员拍摄照片或收集图片，选择一个作品进行分析。学员应学会识别作品中的植物，了解蟠扎在造型制作中的应用目的和所产生的艺术效果，并填写树桩盆景蟠扎手法应用分析表，示例见表1–1。

表 1–1　　　　　　　　　树桩盆景蟠扎手法应用分析表（示例）

记录人：				
盆景图片		记录日期： 植物名称：罗汉松 高度：80 cm 冠幅：40 cm 盆景类型：树桩盆景 造型形式：直身加冕式		
		蟠扎处理方式一	蟠扎处理方式二	蟠扎处理方式三
苗木处理	根部	进行了提根处理，达到露根的效果		
	茎干	对主干进行了截干去顶处理，达到促发新枝的效果	对新干进行了蟠扎处理，达到顶部造型的效果	
	侧枝	进行了拉枝处理，形成平枝式枝盘	进行了曲枝处理，控制枝盘的形态、大小	
	树冠	进行了蟠扎、修剪处理，形成圆盘状树冠		
	其他（非蟠扎处理方式）	对茎干部位进行了凿伤处理，产生树洞的效果		

注意事项

1. 参观、学习、体验的方式应多样化,可以按实际情况调整。
2. 注意以兴趣提升、价值体验为主。

测试题

一、判断题（下列判断正确的请打"√",错误的请打"×"）

1. 静观花木蟠扎既源于自然又高于自然。（　　）
2. 在静观花木蟠扎作品中,摒弃自然的凌乱之感不是必要的。（　　）
3. 静观花木蟠扎作品必须完全模仿自然风貌,不得有任何人为调整。（　　）
4. 2009年,"静观花木蟠扎技艺"被列入重庆市级非物质文化遗产名录。（　　）
5. 静观花木蟠扎艺人不需要具有空间想象力和艺术创造力。（　　）

二、单项选择题（选择一个正确的答案,将相应的字母填入题内的括号中）

1. 在静观花木蟠扎的发展过程中,初期的"简"和后期的"简"分别代表（　　）。
   A. 简单和简洁　　B. 简单和简练　　C. 简洁和简练　　D. 简单和简便
2. 2000年6月,静观镇被原国家林业局、中国花卉协会授予（　　）的称号。
   A. "中国鱼米之乡"　　　　　　B. "中国花木之镇"
   C. "中国盆景之乡"　　　　　　D. "中国花木之乡"
3. 静观花木蟠扎技艺有（　　）的历史。
   A. 近百年　　B. 500多年　　C. 800多年　　D. 上千年
4. 静观花木蟠扎的文化价值不包括（　　）。
   A. 自然美　　　　　　　　　　B. 技艺美
   C. 色彩美　　　　　　　　　　D. 意境美
5. 静观镇是川派盆景的（　　）之一。
   A. 发祥地　　B. 推广地　　C. 辐射地　　D. 新兴地

测试题参考答案

一、判断题

1. √　2. ×　3. ×　4. √　5. ×

二、单项选择题

1. B　2. D　3. B　4. C　5. A

培训任务 2

工具、材料和基本技法

任务目标

了解常用工具的用途。
熟悉常用材料。
能够安全使用常用工具。
能够掌握基本的蟠扎技法。

学习单元 1

常用工具和材料

一、常用工具

1. 土壤耕作类工具

土壤耕作类工具主要用于挖土、取土、松土、碎土、除草等，如花锹、花锄、花耙、花铲等。

2. 刀剪类工具

刀剪类工具主要用于修剪粗细不同的枝条，以及进行破干、修干或嫁接等操作，如园林锯、嫁接刀（见图 2-1）、修枝剪、球节剪（见图 2-2）等。

图 2-1　嫁接刀

图 2-2　球节剪

3. 喷洒养护类工具

喷洒养护类工具主要用于浇灌、喷淋、打农药等，如水管、喷头、喷雾器、浇水壶、喷粉器等。

4. 计量类工具

计量类工具主要用于肥料、农药等的配制，以及长度测量和环境温湿度监测等，如电子秤、量筒、卷尺、温湿度计等。

二、常用材料

1. 树种材料

在挑选树种材料时，除了应考虑苗木的健康状况和生长习性，还应考虑其在盆景造型设计中的和谐性，以及在未来造型变化中的可行性。

2. 绑扎材料

绑扎材料是指用于拉扯、缠绕枝条，以蟠扎出造型的金属丝、棕丝等。不同规格的金属丝、棕丝如图 2-3 所示。

图 2-3 不同规格的金属丝、棕丝

3. 栽植容器

栽植容器主要是指花盆。花盆种类繁多，不同的类型、大小、材质和形态不仅影响苗木的长势，还会影响盆景的整体美感。因此，应选用适宜的栽植容器。

4. 土壤、肥料与农药

使用排水性和透气性良好的土壤，施用适量的肥料和低毒的农药，是有利于盆景植物生长的。盆景空间有限，一般要控制植物的生长量，因而不要求土壤肥沃、肥料充足。对于肥料，通常选择稀薄的全素肥。

操作技能

盆景养护中工具的使用和材料的选择

根据不同季节的特点选择适宜的操作场地，便于学员观察盆景植物的生长状态，同时合理安排操作项目和操作内容，准备所需的工具和材料。部分养护工具和材料如图2-4所示。

图2-4 部分养护工具和材料

操作准备

1. 选择适宜的养护工具，包括剪刀、喷雾器、浇水壶、施肥勺等，保证所有工具完好、干净。

2. 根据植物种类选择合适的花盆，调配合适的培养土。花盆应有排水孔，且透气性良好；培养土应疏松、肥沃，且保水性良好。

3. 准备手套、口罩等个人防护用品，以及清洁剂、扫帚、簸箕等清洁用具。

操作步骤

步骤1 扦盆

认真观察，当盆景表土板结或杂草较多时，需要用小型细齿花锹或竹签松土，一般松至5 cm深，以提高土壤通气性，方便肥水下渗。同时，去除表面杂草，原则是

"除早、除小、除了"。松土、除草如图 2-5 所示。

图 2-5　松土、除草

步骤 2　上盆

部分盆景植物需要翻盆、换盆。具体操作如下：选择大小、质地合适的花盆并清洗干净，如图 2-6 所示；用花铲、花耙整理苗木土团，去除底土、肩土，如图 2-7 所示；清理苗木根系，用尖嘴剪剪除腐根、病根、枯根，如图 2-8 所示；将瓦片垫在花盆排水口的上方，如图 2-9 所示；垫底土，如图 2-10 所示，将培养土填入盆中，填至盆高的 1/3；将苗木摆放在花盆中，如图 2-11 所示，确定最佳观赏角度，舒展其根系；层层填入培养土并压实，如图 2-12 所示，填土至盆沿下方 1～2 cm 处即可，留出空间便于浇水。

上盆后应及时浇水定根，如图 2-13 所示，使土壤和根系紧密结合，以利于苗木成活。然后，将盆景置于阴凉通风处养护（或在其上方架起遮阴网，如图 2-14 所示），缓养两周左右的时间，待其逐渐适应新环境后，再将其移至正常养护位置。

图 2-6　洗盆　　　　　　　图 2-7　用花铲、花耙整理苗木土团

图 2-8　清理苗木根系

图 2-9　垫排水孔

图 2-10　垫底土

图 2-11　摆放苗木

图 2-12　填土并压实

图 2-13 浇水定根

图 2-14 遮阴网养护
（取景自叶鹰盆景专业合作社）

步骤 3　修剪

为了保持盆景植物的造型形态或自然形态，需要定期用刀剪类工具对枝叶进行修剪。用球节剪修剪枝干时，修剪前、修剪中、修剪后的状态如图 2-15 所示。

修剪前

修剪中

修剪后

图 2-15　用球节剪修剪枝干

步骤 4　浇水

根据植物种类和季节变化合理控制浇水量，可用喷头、浇水壶等均匀地浇透水，也可以灌根、浸盆。还可以用喷雾器对叶片进行喷水，同时增加相对空气湿度，如图 2-16 所示。

图 2-16 喷水

步骤 5　施肥

施肥是一项周期性工作。根据所用肥料的类型，或随水施，或穴施，或均匀地撒在土壤表面。通常避免肥料直接接触植物，但微量元素肥和磷酸二氢钾可在低浓度情况下喷施于叶面。

步骤 6　病虫害防治

定期检查植物有无病虫害，必要时使用药剂进行防治。盆景观赏性强，与人接触多，要用高效、低毒的农药防治病虫害。使用农药时，应按使用说明的要求准确配制，如图 2-17 所示。

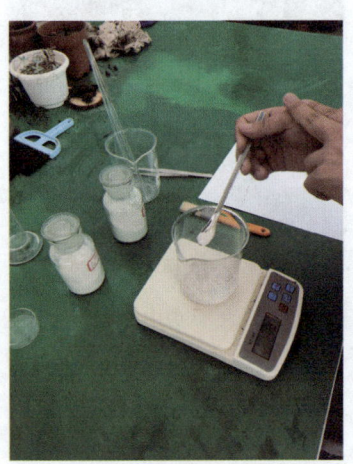

图 2-17 准确配制

注意事项

1. 操作前应了解盆景植物的习性特点。对于不同的植物，养护措施会有差异，应因"材"施"策"。

2. 按需对工具进行清洁、消毒。

3. 修剪时不要伤害健康的枝叶,动作要轻缓,避免给盆景植物造成不必要的创伤。

4. 可以通过演示完成部分技术性较强的工作。

5. 在操作过程中,应重点展示工具的专业性和多样性,并选择适合的材料完成操作。

测试题

一、判断题(下列判断正确的请打"√",错误的请打"×")

1. 在准备养护工具时,应保证所有工具都完好、干净。 (   )
2. 浇水时,应尽可能多浇水,以满足盆景植物生长需求。 (   )
3. 工具在使用前后不需要清洁、消毒,因为不会影响植物生长。 (   )
4. 培养土应根据植物种类调配,不同植物对土壤的要求是不同的。 (   )
5. 在上盆过程中,应当避免损伤植物根系,压土动作要轻柔。 (   )

二、单项选择题(选择一个正确的答案,将相应的字母填入题内的括号中)

1. 在进行上盆操作时,培养土应填充至(   )。
   A. 低于盆沿 1～2 cm   B. 低于盆沿 4～5 cm
   C. 高于盆沿 1～2 cm   D. 与盆沿平齐

2. (   )不是选择花盆时需要考虑的因素。
   A. 透气性   B. 颜色
   C. 排水孔   D. 大小

3. 上盆后,应将盆景植物放置在(   )处进行缓苗。
   A. 阳光直射   B. 阴凉通风
   C. 密闭无风   D. 高温潮湿

4. (   )不是盆景养护所需的工具。
   A. 剪刀   B. 喷雾器
   C. 施肥勺   D. 直尺

5. 在修剪盆景植物的枝叶时,应(   )。
   A. 随意剪去枝叶   B. 控制盆景的造型形态
   C. 只剪去枯枝   D. 使盆景保持圆球形

测试题参考答案

一、判断题

1. √ 2. × 3. × 4. √ 5. ×

二、单项选择题

1. A 2. B 3. B 4. D 5. B

学习单元 2

静观花木蟠扎基本技法

　　静观花木蟠扎重视三法，即身法、枝法、丝法。首先，利用棕丝或金属丝的拉力盘曲主干，形成特定造型（这类主干造型技法称为身法）；其次，利用棕丝控制侧枝的出枝位置和方向，并将侧枝蟠扎成特定形态（这类侧枝造型技法称为枝法）；最后，使用棕丝或金属丝，采用绑、拉、吊、扎等手法达到造型目的（这类手法属于丝法）。

一、身法

1. 主干造型技法

　　主干造型技法是指通过对主干进行弯曲、扭曲、盘曲、折曲等，使花木呈现特定的形态。

　　（1）弯曲主干。通过将主干弯曲使其呈圆弧状，可以表现各种弯曲度的曲线美。这种技法可以使植株看起来更加柔美、优雅。主干弯曲造型如图 2-18 所示。

　　（2）扭曲主干。通过向斜上方旋转主干，可以使其呈螺旋状。这种技法可以使植株看起来更加苍劲有力。扭曲主干示意图如图 2-19 所示，主干扭曲造型如图 2-20 所示。

图 2-18　主干弯曲造型
（盆景创作：罗继明）

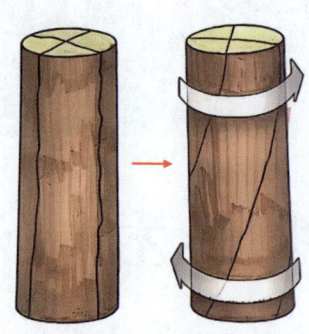

图 2-19 扭曲主干示意图

图 2-20 主干扭曲造型（盆景创作：黄先胜）

（3）盘曲主干。通过将主干盘绕成圆弧状或螺旋状，可以使其表现出独特的流线型美感。这种技法可以使植株看起来更加顽强。主干盘曲造型如图 2-21 所示。

图 2-21 主干盘曲造型（盆景创作：祝贵祥）

（4）折曲主干。通过将主干折叠或弯曲成直角或锐角，可以使其表现出强烈的视觉冲击感。这种技法可以使植株看起来更有动感。主干折曲造型如图 2-22 所示。

2. 主干拿弯技法

主干拿弯技法主要用于塑造花木的形态。对于木质化程度较高的粗干，因为其不易弯曲，所以主要采用以下主干拿弯技法。

（1）破干法。破干法又称刺干法。这种技法一般在冬末春初时使用，此时花木复苏，有利于伤口愈合。破干法包括穿刺法和槽刺法。穿刺法是指利用尖利工具将枝干穿透、夹破，在伤害其木质部后形成缝隙，以实现弯曲造型的方法。槽刺法是在伤口处进一步开槽，以扩大缝隙，加大弯曲度。破干法示意图如图 2-23 所示，破干法操作如图 2-24 所示。

图 2-22　主干折曲造型（盆景创作：唐波）

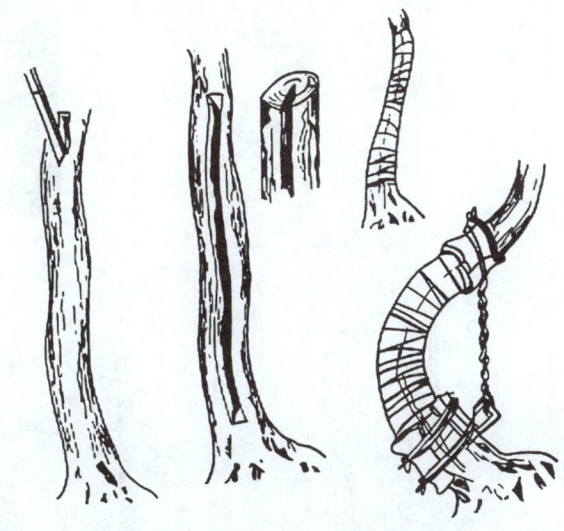

图 2-23　破干法示意图

夹破树干

做好保护

强力弯曲

图 2-24　破干法操作

（2）锯折法。锯折法即锯干弯曲法。这种技法适用于对较粗壮的枝干进行拿弯。操作时，在需要弯折的枝干一侧（弯曲内侧）锯出多条平行切口，切口深度约为树干直径的 1/3，以利于弯曲。锯折法示意图如图 2-25 所示，锯折法操作如图 2-26 所示。

（3）伤干扭曲法。对于需要进行扭曲、盘曲的主干，多使用伤干扭曲法，即在主干上根据扭曲、盘曲的方向、角度、弯曲度，先进行多角度和不同程度的刻伤、削伤、锯伤，再进行弯曲。伤干扭曲法示意图如图 2-27 所示。

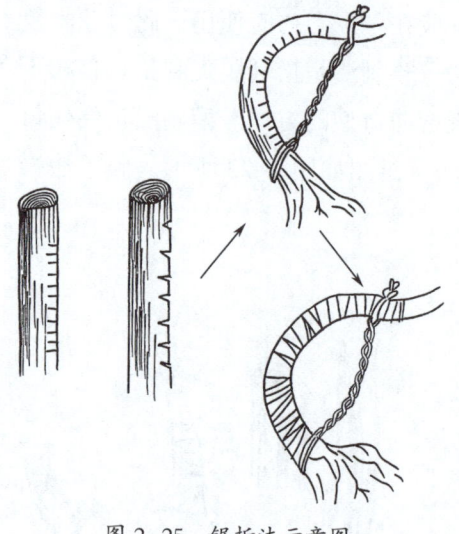
图 2-25 锯折法示意图

图 2-26 锯折法操作

 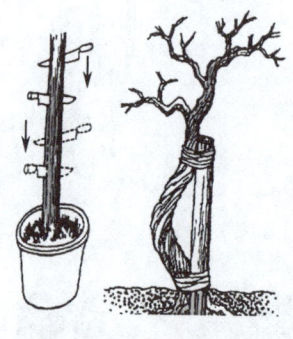 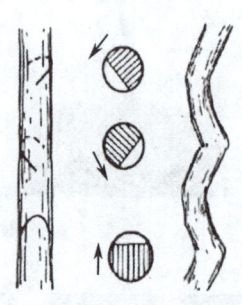

图 2-27 伤干扭曲法示意图

（4）机械弯曲法。机械弯曲法不伤害植株，是指使用机械工具、绳索等将枝干拉弯，或使用机械工具将枝干压弯的技法。机械弯曲法包括机械拉弯法（见图 2-28）和机械压弯法（见图 2-29）。在对较粗的枝干进行蟠扎时，为了防止将枝干折断，应在蟠扎部位缠绕胶带、布条等加以保护。如果枝干较粗，不能一次性达到所需要的弯曲度效果，则可以分次进行弯曲，循序渐进，使植株逐渐适应。例如，在第一次弯曲后，过 10 天左右再拉紧金属丝或收紧机械工具，加大弯曲度，逐步使枝干弯曲到位。

二、枝法

1. 出枝方向和位置

枝法的操作原则是"逢拱出枝"，即在弯曲枝干的外侧出枝。这样的原则符合花木

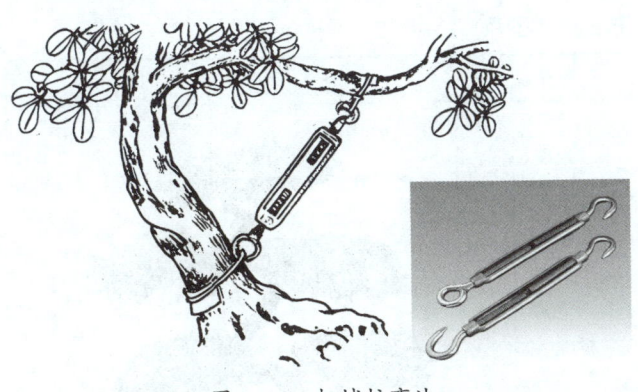

图 2-28 机械拉弯法　　　　　　　图 2-29 机械压弯法

的自然生长规律,因为从弯曲枝干内侧长出的枝条多受到荫蔽而不能形成粗壮侧枝。拱点与出枝位置如图 2-30（红圈标注）所示。通常利用棕丝或金属丝牵拉枝条,控制出枝方向,调整出枝位置。牵拉侧枝调整出枝位置的示意图如图 2-31 所示。

 出枝位置合适

 出枝位置靠后

 出枝位置在对侧

 出枝位置靠前

图 2-30 拱点与出枝位置　　　　图 2-31 牵拉侧枝调整出枝位置的示意图

2. 枝盘类型

川派盆景的规则式枝盘主要分为平枝式、滚枝式、半平半滚式 3 种类型。

（1）平枝式。这种枝盘呈平盘状,树冠明显分层。

1）平枝式的类型。平枝式又分为普通平枝式、平枝花枝式和云片圆盘枝式 3 种类型。平枝式的类型及其特点见表 2-1。

表 2-1　　　　　　　　　　　平枝式的类型及其特点

类型	特点	图示
普通平枝式	①左右出枝，将枝叶蟠扎成平盘状 ②枝盘左右交互、逐层向上、逐渐变小，符合树冠的自然状态。对于空白区，可用飞枝填补 ③将顶部蟠扎成一圈	 （盆景创作：聂廷学）
平枝花枝式	①多方向出枝，各个方向的枝盘相互交错、密集、有层次且分布较均匀 ②枝盘由下往上逐渐变小、变短	 （盆景创作：聂廷学）
云片圆盘枝式	在四川、重庆地区的传统中式庭院中，常将大型地栽园景树（也有盆栽花木）的侧枝合并蟠扎，形成分层的云片圆盘枝式枝盘，极具地方传统特色	

2）平枝式的形成。将侧枝在水平面上做 S 形蟠扎，对其上分枝也做 S 形蟠扎，加大分枝与侧枝的夹角，并将分枝控制在该水平面上。侧枝过长时可加大弯曲度，弯曲其基部，回缩其顶部，形成大小合适的枝盘。平枝式枝盘示意图（俯视）如图 2-32 所示，平枝式枝盘实物图（仰视）如图 2-33 所示。

| 蟠扎初期 | 培育多年 |

图 2-32　平枝式枝盘示意图（俯视）

图 2-33　平枝式枝盘实物图（仰视）

（2）滚枝式。滚枝式枝盘多位于树冠的尖顶，呈整齐或不整齐的圆锥状，分层不明显。滚枝式枝盘多见于观花、观果植物的蟠扎造型。滚枝式包括小滚枝和大滚枝两种类型。滚枝式的类型及其特点见表 2-2。

表 2-2　　　　　　　　　　　　滚枝式的类型及其特点

类型	特点	示意图	实物图
小滚枝	多方向出枝以填补空白、充满空间，枝条均匀分布，整个树冠呈圆锥状。小滚枝根据弯曲方向不同，分为立弯枝（将枝条在垂直方向进行弯曲）、斜弯枝（将枝条在倾斜方向进行弯曲，又称挂弓枝）和回曲枝（为了填补空白而将枝条盘曲回去）		

续表

类型	特点	示意图	实物图
大滚枝	多见于掉拐式或滚龙抱柱式。侧枝四出，多方向填满空间，树冠丰满且呈圆锥状，枝条均匀分布，叶、芽、花、果朝外，充分展示蟠扎艺术效果。大滚枝比小滚枝枝条更密集，形态更丰满，适用于丰花、多果类植物		

（3）半平半滚式。半平半滚式综合利用平枝式和滚枝式的造型技法，树冠的上部呈圆锥状，下部侧枝枝盘平展、分层，整体树冠形态丰满。半平半滚式实物图如图2-34所示。

图2-34　半平半滚式实物图

三、丝法

1. 棕丝蟠扎

棕丝蟠扎属于传统技法，蟠扎时应选用柔软、有弹性、粗细均匀、较长的新棕丝。棕丝蟠扎的优点：棕丝的色泽与很多植物表皮的色泽相似，蟠扎痕迹不明显，蟠扎后即可观赏，具有成本低、不传热、不伤枝干、易于解除等特点。棕丝蟠扎的缺点：仅能够依靠棕丝拉力对花木做造型，需要掌握一定技巧，其工艺复杂，成型效率较低。

棕丝蟠扎技法主要应用在以下几个方面。

（1）蟠扎主干。根据造型设计，将一段枝干的两端分别作为上、下着绳点并捆绑棕丝，借助两点之间棕丝的拉力，使枝条定向弯曲。下着绳点搭绳如图2-35所示，上着绳点调节如图2-36所示。蟠扎主干时需要注意造型方向，把握好收缩棕丝的力度，控制弯曲度。通过多弯结合，最终完成主干造型。主干的蟠扎效果如图2-37所示。

图2-35　下着绳点搭绳　　　　图2-36　上着绳点调节　　　　图2-37　主干的蟠扎效果

（2）控制侧枝。通过攀、吊、拉、扎等方式控制侧枝出枝方向，形成枝盘造型。将下垂枝条绑扎成向上枝条或水平枝条的技法称为攀。将上扬枝条绑扎成向下枝条或水平枝条的技法称为吊。将前后方向的枝条绑扎成左右方向的技法称为拉。将枝条逐级绑扎形成台片状枝盘的技法称为扎。利用棕丝控制侧枝出枝方向的作品如图2-38所示。

图2-38　利用棕丝控制侧枝出枝方向的作品（盆景创作：聂廷学）

（3）蟠扎枝盘。如图2-39所示，按照图示扎法，利用棕丝将整个侧枝做S形蟠扎，同时加大其上分枝的出枝角度，对分枝也做 S 形蟠扎。通常要求将整个枝盘控制在一个水平面上。

此技法较复杂，需要根据枝条生长情况，灵活控制棕丝的缠绕方向、牵拉角度，使各个方向生长的枝条尽量均匀分布在枝盘所在的平面上。成型的侧枝枝盘局部图如图 2-40 所示。

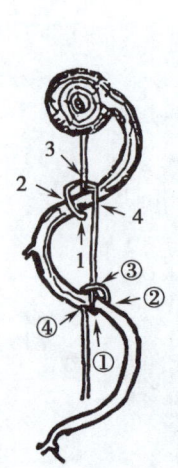

图 2-39　蟠扎枝盘

图 2-40　成型的侧枝枝盘局部图

2. 金属丝蟠扎

不同于棕丝只能依靠拉力对花木的形态产生影响，金属丝本身具有一定的强度和硬度，其可塑性、控制力更好，更容易实现造型目的，成型效率较高。金属丝蟠扎技法比棕丝蟠扎技法更简单、更容易掌握，操作重点包括牢固固定起点、合理控制蟠扎力度和方向、找准弯曲受力点等。但是，金属丝蟠扎易损伤树皮，且定型后需要及时解绑金属丝。

（1）金属丝的选用。多用铝丝，其直径多为枝干直径的 1/5～1/3，其长度多为枝干长度的 1.5～2 倍。

（2）金属丝蟠扎顺序。先主干，再主枝，最后侧枝。

（3）金属丝蟠扎技巧

1）固定起点。起点选择及固定方法是否适当，对金属丝蟠扎成功与否影响很大。若起点固定不牢，金属丝就会在枝条上滑动，一方面其本身的控制力会减弱，另一方面会损伤活动部位的树皮。固定方法应根据枝干的具体情况灵活掌握，常用的方法有入土法、过肩法、压扣法、打结法、挂钩法。入土法多用于主干基部，即将金属丝一端插入土中，如图 2-41 所示；过肩法多用于主干中部左、右都有分枝的部位，直接用一根金属丝缠绕并拉扯左、右分枝使其受力，这种方法又称双枝一丝法，如图 2-42 所示；压扣法是指将金属丝多绕一圈压住端头，如图 2-43 所示；打结法，即在金属丝端头打结；挂钩法是指在一侧枝基部钩挂金属丝端头以借力。

图 2-41　入土法

图 2-42　过肩法

图 2-43　压扣法

2）缠绕金属丝。金属丝的缠绕原则是"同向扭旋"。如果欲使枝干向右弯曲，则将金属丝按顺时针方向缠绕；如果欲使枝干向左弯曲，则将金属丝按逆时针方向缠绕。

在将起点固定好之后，用拇指和食指顺着枝干弧度捏按金属丝，使金属丝和枝干中心线近似成 45°角（缠绕角度），同时拉紧金属丝，避开侧枝，使金属丝紧贴枝干的树皮徐徐缠绕，如图 2-44 中 A 处所示。金属丝的缠绕密度要适当，过疏、过密或疏密不均匀地缠绕，蟠扎效果均不理想。若枝条较细，可缠绕得稀疏一些（特殊情况下，金属丝的缠绕角度为 60°）。因为金属丝会紧贴树皮，所以对于较嫩的树皮，可以提前缠垫布条或胶带给予一定保护。

在蟠扎时如遇较粗枝条，可用双股金属丝缠绕，以加大控制力，如图 2-44 中 B 处所示，要求"双丝"必须平行，不能交叉。

3）弯曲枝条。注意以下细节：双手的拇指抵在弯内侧，控制力度，由外向内施压，如图 2-45 所示；轻轻地将枝条弯曲，按需缓慢加力；按造型设计控制弯曲度，通常茎基部弯曲度大、茎上部弯曲度小，弯曲效果要自然。枝条拿弯造型效果如图 2-46 所示。

图 2-44　金属丝缠绕（A 为单丝缠绕，B 为双丝缠绕）

图 2-45　拿弯

图 2-46　枝条拿弯造型效果（盆景创作：黄先胜）

4）调整整体造型。调整整体造型主要是指将多余枝条从基部剪掉，从整体角度远观近瞧，对形态不够理想处进行调整。例如，有的枝条太长，导致树形不够美观，可将枝条打弯使其变短，以获得理想的观赏效果。

5）解绑金属丝。枝条定型后要及时解绑金属丝，如图 2-47 所示。金属丝蟠扎作品的制作时间根据植物种类、茎干粗细、木质化程度不同而差异较大，从数月到一两年不等，要注意观察，总结经验。金属丝的解绑顺序与蟠扎顺序相反，即先侧枝、再主枝、最后主干，以及由上向下。

图2-47　及时解绑金属丝

操作技能

棕丝蟠扎实践

操作准备

1. 准备容易蟠扎的小苗，或将韧性较好的植物枝条假植后模拟实践。
2. 准备柔软、有弹性、粗细均匀、长度适宜的新棕丝，以及麻筋和麻皮（可能用到）。

操作步骤

1. **主干蟠扎——用棕丝蟠扎直弯、连续直弯**

步骤1　搭绳，如图2-48所示。即在枝干基部的下着绳点处，将棕丝一端打结固定。

步骤2　曲枝，即将棕丝的另一端系在上着绳点，在垂直方向上压弯枝干，同时收紧棕丝，直到枝干形成理想的弯曲度。

步骤3　打结固定，如图2-49所示，在上着绳点将棕丝另一端打结固定，完成第一个直弯的蟠扎。

步骤4　继续蟠扎第二个直弯，方法同上。第二根棕丝的下着绳点应在第一个直弯拉绳上着绳点下部3~4 cm处。

步骤5　在垂直方向蟠扎连续直弯，如图2-50所示，图中用红色标线表示棕丝位置关系。利用站棍（从苗木根部附近插入土壤的直立棍棒）使各直弯处于同一垂直平面内。连续直弯蟠扎成型如图 2-51 所示。可以改变弯曲度重新蟠扎连续直弯,以直观感受弯曲度变化对小苗整体形态的影响。

图 2-48　搭绳

图 2-49　打结固定

图 2-50　蟠扎连续直弯的棕丝位置关系

图 2-51　连续直弯蟠扎成型

操作技巧

植物的主干由基部向顶部逐渐变细、变软。在用棕丝蟠扎主干时,是靠棕丝的拉力使主干弯曲,因而往往会将硬的部位稍微拉直一些,将软的部位稍微拉弯一些,但这样形成的弯曲度不均匀,如图 2-52a 所示。解决方法是反复扭曲硬的部位,将其揉制变软。揉制可使枝干整体的软硬度更加均匀,从而呈现弯曲度均匀的弧状弯,如图 2-52b 所示。

图 2-52　揉制前、后的主干蟠扎弯曲度
a）揉制前　b）揉制后

操作提示

本教材用"几折弯"来表示弯曲度。"几折弯"是指将枝干弯曲后，其高度与原枝干长度的百分比。例如，将一段 40 cm 的枝干扎弯后，枝干弯曲后的垂直高度为 20 cm 左右时为五折弯，枝干弯曲后的垂直高度为 32 cm 左右时为八折弯。五折弯与八折弯的弯曲度对比如图 2-53 所示。"几折弯"的数值越小，代表弯曲度越大。

图 2-53　五折弯与八折弯的弯曲度对比

2. 主干蟠扎——用棕丝蟠扎斜弯、螺旋弯

步骤 1　先在枝干基部的下着绳点处，将棕丝的一端打结固定。然后拉伸棕丝，将

其另一端系在上着绳点处,并向右后方弯曲枝干、收紧棕丝,蟠扎出第一个斜弯。最后绑扎固定站棍,控制枝干方向,使枝干向后方略倾斜,直到弯曲度理想。

步骤2 继续蟠扎第二个斜弯。将第二根棕丝的下着绳点固定在第一个斜弯上着绳点下方的1/3圆弧处,用棕丝向斜后方蟠扎,使枝干形成与水平面成45°角的斜半弯,直到弯曲度理想,打结固定棕丝。

步骤3 继续蟠扎第三个斜弯。将第三根棕丝的下着绳点固定在第二个斜弯上着绳点下方的1/3圆弧处,再蟠扎一个与水平面成45°角的斜半弯,直到弯曲度理想,如图2-54所示,打结固定棕丝。

俯视上述3个斜弯,可观察到一个完整的"圆环",即传统的"三绳一圈"蟠扎造型,如图2-55所示。"三绳一圈"蟠扎造型制作难度较大,需要反复练习、积累经验。

图2-54 第三个斜弯的蟠扎

侧视图

俯视图

图2-55 "三绳一圈"蟠扎造型

步骤4 继续向上盘曲枝干,用棕丝蟠扎出呈弹簧状的螺旋弯,至少蟠扎两个"圆环",且越向上"圆环"越小,如图2-56a所示。尽量做到"三绳一圈",控制好螺旋弯的大小、弯曲度,确保搭绳位置准确。俯视看到的棕丝应排列整齐、呈井字形,如图2-56b所示。

3. 侧枝枝盘蟠扎

步骤1 确定出枝位置与角度。在本例中,观察到罗汉松盆景树形不足,右下部缺失枝盘，如图2-57所示。针对这种情况，需要选取侧枝，利用棕丝将侧枝拉向缺枝部位。因为侧枝较粗硬，所以需要用破杆钳破干，如图2-58所示，之后缠绕胶带保护伤口。

图2-56　螺旋弯蟠扎造型
a）侧视图　b）俯视图

图2-57　罗汉松盆景右下部缺失枝盘　　　　图2-58　用破杆钳破干

步骤2　用棕丝将侧枝拉到缺失枝盘的位置，如图2-59所示，并控制出枝角度。

步骤3　对侧枝在水平面上做S形蟠扎，对其分枝也在该水平面上做S形蟠扎，加大分枝与侧枝的夹角。若侧枝过长则需要加大弯曲度，弯曲基部，回缩顶部，形成大小合适的枝盘，如图2-60所示。

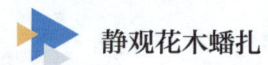

步骤4 修剪、蟠扎其他枝盘，调整各枝盘大小，注意保持整体形态的和谐。侧枝枝盘成型如图2-61所示。

图2-59 将侧枝拉到缺失枝盘的位置

图2-60 蟠扎枝盘

图2-61 侧枝枝盘成型

注意事项

着绳点应尽量选在分枝、树节或树皮粗糙处，以防棕丝滑动。若所选的着绳点处树皮光滑，可用布条等缠绕树皮，增大摩擦力，同时加强保护。

金属丝蟠扎实践

操作准备

1. 准备蟠扎工具和材料

主要的蟠扎工具和材料举例如下。

（1）金属丝。选择粗细适当的金属丝，一般其直径为枝条基部直径的1/3。若金属丝过粗，则影响蟠扎造型的美观度，且易折断枝条；若金属丝过细，则可能拉力不足，导致蟠扎造型效果不理想。

（2）钳子。钳子是用来固定和切断金属丝的。

（3）布条、胶带等材料。

2. 准备植物材料

选择适宜蟠扎的植物材料并栽植。

操作步骤

步骤1 观察植株（见图2-62）的外观特点，设计适当的造型（见图2-63）。

图2-62 植株

图2-63 设计适当的造型

步骤2 蟠扎

（1）固定金属丝。确定起点，将金属丝的一端插入土中固定（或采取其他固定方法），如图2-64所示。

（2）缠绕金属丝。将金属丝贴近枝干，按顺时针或逆时针的方向以45°缠绕角缠绕，如图2-65所示。注意手部的力度和金属丝的紧实度，确保金属丝紧贴树皮。按照先下后上、先主干后侧枝、先粗后细的顺序进行缠绕。缠绕时要避开侧枝，同时避免包裹叶片。金属丝缠绕效果如图2-66所示。

（3）拿弯塑形。双手拇指顶在弯内，向内施压使枝条弯曲（俗称拿弯），如图2-67所示。拿弯时手部力度应适中，弯曲度应达标，形态应自然。按照先主干后侧枝、先下部后上部的顺序拿弯，整体上枝干基部弯曲度大、枝干上部弯曲度小。

（4）调整定型。多角度、由远及近观察，调整整体造型至和谐。调整定型效果如图 2-68 所示。

图 2-64　固定金属丝

图 2-65　缠绕金属丝

图 2-66　金属丝缠绕效果

图 2-67　拿弯

步骤 3　蟠后养护

浇透水，保护伤口，将盆景置于荫蔽处养护 7～10 天。

培训任务 2 | 工具、材料和基本技法

图 2-68　调整定型效果

注意事项

1. 操作时要特别注意安全，避免金属丝伤到自己或他人。
2. 及时解绑金属丝，以防其嵌入木质部而对植株造成伤害。
3. 注意保护枝干，为了防止枝干折断，应在蟠扎部位加上保护措施。

测试题

一、判断题（下列判断正确的请打"√"，错误的请打"×"）

1. 半平半滚式综合利用平枝式和滚枝式的造型技法，树冠的上部呈圆锥状，下部侧枝枝盘平展、分层，整体树冠形态丰满。　　　　　　　　　　　　　　（　　）
2. 金属丝蟠扎易损伤树皮，且定型后需要及时解绑金属丝。　　　（　　）
3. 在蟠扎时如遇较粗枝条，可使用双股金属丝缠绕。　　　　　　（　　）
4. 在对较粗的枝干进行蟠扎时，为了防止将枝干折断，应在蟠扎部位缠绕胶带、布条等加以保护。　　　　　　　　　　　　　　　　　　　　　　　　（　　）
5. 金属丝的解绑顺序与蟠扎顺序相反。　　　　　　　　　　　　（　　）

二、单项选择题（选择一个正确的答案，将相应的字母填入题内的括号中）

1. 枝法的操作原则是"逢拱出枝"，这样符合花木的自然生长规律，因为（　　）。

A. 从弯曲枝干内侧长出的枝条多受到荫蔽，不易被阳光伤害，长得粗壮

53

B. 从弯曲枝干外侧长出的枝条更易受到阳光照射，生长更快，易长成粗壮的侧枝

C. 从弯曲枝干外侧长出的枝条更易受到病虫害的侵袭

D. 从弯曲枝干内侧长出的枝条更易受到人为损伤

2. 在平枝式的形成过程中，将侧枝做S形蟠扎的造型要求包括（　　）。

A. 加大分枝与侧枝的夹角，对分枝也做S形蟠扎，控制分枝在枝盘所在平面上

B. 枝盘平行且完全对称

C. 枝盘左右交互，逐层向下变小

D. 枝盘由下往上逐渐变大、逐渐变短

3. （　　）不是棕丝蟠扎的特点。

A. 成本低　　　　　　　　　　B. 不传热

C. 硬度强、塑形能力强　　　　D. 易于解除

4. 在棕丝蟠扎技法中，S形蟠扎要求将整个枝盘控制在（　　）。

A. 一个水平面上　　　　　　　B. 一个垂直面上

C. 一个圆锥面上　　　　　　　D. 一个球面上

5. 金属丝的缠绕原则是（　　）。

A. 扭旋同向

B. 扭旋反向

C. 欲使枝干向左弯曲，则将金属丝按顺时针方向缠绕

D. 欲使枝干向右弯曲，则将金属丝按逆时针方向缠绕

6. 在进行棕丝蟠扎实践时，如果一次性不能达到所需要的弯曲度，则应该（　　）。

A. 改变弯曲部位　　　　　　　B. 加大弯曲力度

C. 分次进行，让植株逐渐适应　D. 更换新的棕丝

7. 选择金属丝时，其直径可以为枝干直径的（　　）。

A. 1/6　　　　B. 1/3　　　　C. 1/2　　　　D. 2/3

8. 进行金属丝缠绕时，通常使金属丝以（　　）的缠绕角度贴紧枝干。

A. 30°　　　　B. 45°　　　　C. 60°　　　　D. 90°

测试题参考答案

一、判断题

1. √　2. √　3. √　4. √　5. √

二、单项选择题

1. B　2. A　3. C　4. A　5. A　6. C　7. B　8. B

培训任务 3

静观花木蟠扎造型

任务目标

掌握蟠扎的基本步骤。
掌握蟠扎的基本技法。
熟悉常见的静观花木蟠扎造型。
能够按照造型类型挑选合适的苗木,并将其蟠扎成型。
能够根据苗木情况设计合适的造型。

学习单元 1

规则式造型

一、蟠扎的基本步骤

1. 选择蟠扎时机

选择适宜的蟠扎时机很重要，通常宜在晴天进行蟠扎。当花木枝条柔软、未萌发新芽或新枝未木质化时，较适宜蟠扎。对于落叶树，宜于冬末春初蟠扎；对于常绿树，多在初春时节和梅雨季蟠扎；对于观花树，宜于开花前蟠扎，但较少在秋季蟠扎。

2. 准备蟠扎材料

根据蟠扎需要，选择金属丝或棕丝作为蟠扎材料。使用金属丝时操作简便，一次定型，但易损伤树皮；棕丝不伤树皮且观赏效果较好，但操作比较复杂，造型效果展现较慢。

3. 选苗栽植固定

将需要蟠扎的苗木固定在盆土内，再将整盆苗木放置在可以平视观察的地方，或放置在旋转台上，仔细观察根、干、枝，找出视觉效果最好的一面作为正面。

4. 设计造型、清理枝叶

先设计蟠扎造型，再剪除无用枝和部分妨碍观赏的枝叶。

5. 按序蟠扎

根据所设计的造型，先蟠主干、后扎枝盘，由下向上、由中心向外蟠扎。

6. 养护定型

在此阶段，除了为树桩创造良好的生长环境并细心养护，还要继续按所设计的造型蟠扎、修剪。

7. 择期拆丝

使用金属丝蟠扎，当金属丝快要陷入树皮时，就可以解绑金属丝了。解绑金属丝后，若认为枝干还没有达到设计的弯曲度效果，还可以进行第二次缠绕，但要避开第一次缠绕的痕迹。当树桩枝干弯曲度固定、造型优美、树形完整时，则说明蟠扎成功。

使用棕丝蟠扎，则可以等两三年树桩定型后再解除棕丝。若棕丝自行掉落，则需要先拆除再重新绑扎并进行调整。

二、常用造型类型

静观花木蟠扎作品以主干造型为主，配以枝盘造型。

具体以棕丝蟠扎造型为特色，常用的有对拐式、方拐式、掉拐式、滚龙抱柱式、三弯九倒拐式、大弯垂枝式、直身加冕式、接弯掉拐式、立身照蔸式等多种造型。这些造型在格局上或大同小异，或迥然不同，但都极具章法。

对于规则式造型，如果不按规则蟠扎，那么做出来的盆景就会不伦不类。对于自然式造型，虽然可以不按固定章法来做，但其操作要求更高。

三、常用造型方式

1. 一次性定型

这种方式是选取一定高度的苗木，按照严格的比例分配枝段长度，对主干进行一次性蟠扎即可定型。一次性定型主要是指主干造型的基本确定，通常蟠扎后树桩高度也基本确定，因为其生长极慢。注意，侧枝还是需要逐次蟠扎才能形成枝盘的。

2. 逐年造型

逐年造型就是苗木一边生长，一边为其做造型。第一年，通常只能蟠扎基部前几段，让嫩枝以垂直方向继续生长，年生长量在 20～30 cm。在第二年或第三年，当留下的枝干变长之后，可以继续蟠扎下一个弯。以此类推，完成造型一般需要 6~8 年，甚至更长的时间。这种造型方式需要的时间较久，但是只要操作有序，培养大苗所需要的时间反而比一次性定型让其慢慢长成品质较高的成品所需要的时间短。

采用这种造型方式时，需要在前期设计时进行准确的数据计算，在具体操作时落实好工作计划，有序开展养护蟠扎工作。

3. 养桩培枝造型

养桩培枝造型的重点是选择形态良好的树桩，对其深埋促根、假植养胚，待树桩成活发芽后，根据其形态特点设计基本造型，如丛林式、悬崖式、卧干式、附石式等。然后，根据所设计的造型培养枝条，将不需要的枝条全部修剪掉，将留下的枝条养护至粗壮，使树桩形成多级枝条。若对枝条位置不满意，可以嫁接枝条后蟠扎出造型，也可以根据现有枝条重新设计造型并蟠扎。在养桩培枝过程中应加强养护措施，如浇水、施肥、修剪、防治病虫害、换盆等，保证树桩健康生长，使其枝叶繁茂，早日形成目标形态。

操作要求

对拐式蟠扎实践

对拐式骨架图如图 3-1 所示，对拐式正面效果图如图 3-2 所示。

图 3-1　对拐式骨架图

图 3-2　对拐式正面效果图
（盆景创作：聂廷学）

操作准备

1. 了解对拐式

对拐式又称正身拐式，是静观花木蟠扎的基础造型。其特征为主干在某一垂直平面内左右交替弯曲，形成连续的S形曲线，侧枝在主干两侧形成平行、对称的枝盘。对拐式特别适用于需要强调对称与平衡的场景，如建筑物入口或大厅两侧。

2. 准备材料和工具

准备苗木、盆钵、培养土、棕丝、金属丝、布条、修枝剪、浇水壶、花铲、胶带、卷尺、刀具、木棍、竹棍、竹片等。

操作步骤

步骤1 选材及栽植（以罗汉松为例，下同）

（1）选材。选择高度为 1.3～1.5 m，直径为 2～2.5 cm，主干明显且笔直、细长，分枝较为丰富，侧枝均匀分布、健壮、无病虫害、无损伤的 3～4 年生罗汉松。选用树龄过大的罗汉松，其枝条多因木质化而变硬，蟠扎难度较大；选用树龄过小的罗汉松，在做造型后其生长变慢，会因体量过小而难以成型。

（2）栽植。选择大小适中的盆，本例选择3号素烧盆（盆口径为 25 cm 左右，下同）。将罗汉松斜植于盆中，倾斜度为 45°左右，如图 3-3 所示。

步骤2 造型设计

（1）主干分段标记。在开始蟠扎之前，根据罗汉松的高度将其主干分为 5～6 段（每一段将被蟠扎为半圆形弯）。分段时应确保下部枝段较长，向上各段逐渐变短，以实现底部弯大、上部弯逐渐变小的S形弯，且过渡效果自然。以5段为例，各段的理论长度百分比可设计为 30%、20%、18%、16%、14%，剩余 2% 灵活处置或做顶，此理论长度百分比仅供参考，应根据实际情况适当调整。为了方便操作，通常先测量苗木高度，再按理论长度百分比计算，然后用胶带分段标记，如图 3-4 所示。

图 3-3 对拐式斜植

图 3-4 对拐式分段标记示意图

（2）保留侧枝，选择、预留枝条做枝盘。通常保留每一段中部或中上部的枝条。

步骤3　蟠扎

（1）主干蟠扎（身法）。完成分段后，逐段扎弯。在扎弯过程中，要保证所有的弯都处在同一个垂直平面内，达到在侧面观察时，主干呈直线状的效果。

1）第一弯，其长度为主干高度的30%左右，相对来说最大。应朝着栽植方向的相对方向扎弯，使主干弯曲所形成的弧面与地面垂直，弯曲度为六折弯至七折弯。具体操作流程如图3-5至图3-7所示。

图3-5　下着绳点定位　　　图3-6　上着绳点定位　　　图3-7　弯曲度调节与固定

2）第二弯，与第一弯在同一垂直平面内，两者形成S形弯。棕丝的下着绳点一般在第一弯棕丝上着绳点下部2~3 cm处。

3）第三弯，扎弯方法参照第二弯。前三弯的蟠扎效果如图3-8所示。在实践时应仔细揣摩棕丝着绳点的位置关系，如图3-9所示的蓝色标线。

图3-8　前三弯的蟠扎效果　　　图3-9　棕丝着绳点的位置关系

以此类推，按标记长度在同一垂直平面上蟠扎连续的S形弯。主干侧面的直线状效果如图3-10所示，主干正面的S形弯效果如图3-11所示。

图3-10　主干侧面的直线状效果

图3-11　主干正面的S形弯效果

（2）镇顶正型（顶部蟠扎）。对拐式的顶部可以做成分布于两侧的较小枝盘，也可以做成圆盘状或圆锥状顶盘，但都要求枝顶在垂直方向的投影与根茎部重合。

主干上下会有粗度变化和软硬差异，因此，蟠扎时要保证所有弧面都处在同一个垂直平面上是十分困难的。操作者要充分利用站棍，以帮助稳定主体。站棍应紧靠苗木且绑扎牢固，以有效起到支撑作用。

（3）枝盘蟠扎（枝法）

1）出枝位置和方向。原则是"逢拱出枝"，即在各弯的拱形枝条外侧最突出处出枝，可简记为弯背出枝、弯内不出枝。可以通过拖拽枝条，尽量让出枝位置和方向适合。另外，可以通过嫁接枝条，达到出枝位置良好的效果。

2）出枝角度。枝盘水平外伸或略下倾。

3）枝盘造型。采用平枝式枝盘技法，将侧枝进行水平蟠扎，如图3-12至图3-14所示。对拐式要求树形整齐，枝盘左右横出、排列整齐、大小渐变。

4）枝盘数量。在每个拱形弯外侧形成一个枝盘，左右枝盘交错上升，多形成5~7片平行枝盘。

步骤4　养护成型

（1）蟠后养护。浇透水后，应将初蟠苗木放置在阴凉通风的环境中进行养护，帮助树桩快速恢复长势。这个过程通常需要半个月左右的时间，要根据树桩的长势和伤口愈合情况进行养护管理，适当浇水、施肥，加强光照，按需除草、松土。

图 3-12　侧枝枝盘蟠扎效果　　图 3-13　枝盘理论俯视图　　图 3-14　枝盘侧视图
（盆景创作：聂廷学）

（2）造型养护。天然苗木不可能完全满足造型设计需要，可能设计出枝的地方缺少枝条，或者枝条没有长在恰当的位置。遇到这类情况时，可以进行"刻芽"刺激，即在适当的位置横刻树皮，促使新枝萌发；也可以嫁接补枝，以完善造型。

随着苗木不断生长，需要及时修剪多余的新枝，持续维护树形，并按照设计的造型不断对新枝进行蟠扎。对拐式三年桩、十年桩、五十年桩如图 3-15 至图 3-17 所示。

图 3-15　对拐式三年桩（盆景创作：聂廷学）　　图 3-16　对拐式十年桩（盆景创作：聂廷学）

注意事项

1. 注意刀剪类工具的使用安全。
2. 枝干上下粗细不一，为了避免各弯的弯曲度不均匀，扎弯时要适当揉制较硬的枝干部分使其变软。

图3-17 对拐式五十年桩

3. 扎弯时应注意力度，不要折断枝干。

4. 一旦枝干轻微开裂，则需要在开裂处的拱形弯内、外两侧用竹片（或金属片）进行夹板式固定，并缠绕布条（或胶带）予以保护。

方拐式蟠扎实践

方拐式骨架图如图3-18所示，方拐式正面效果图如图3-19所示。

图3-18 方拐式骨架图

图3-19 方拐式正面效果图

操作准备

1. 了解方拐式

方拐式又称方汉文拐式，这种造型在静观花木蟠扎中独树一帜，其主干造型形似汉字"弓"。与对拐式流畅的 S 形曲线不同，方拐式以直角折弯而著称。方拐式具有一种固定的程式美，体现了遵守规则与秩序的文化内涵。方拐式蟠扎技法复杂、成苗慢，考验盆景艺人的技艺和耐心。独特的方拐式适用于纪念性场所或宣传中华传统文化的场所。

2. 准备材料和工具

准备苗木、盆钵、培养土、棕丝、金属丝、卷尺、布条、修枝剪、浇水壶（细口）、花铲、胶带、园林锯、木棍、竹棍等。

操作步骤

步骤 1 选材及栽植

（1）选材。选择高度在 1.5 m 以上，直径为 2.5~4 cm，主干明显且笔直、细长，分枝较为丰富，侧枝均匀分布，健壮、无病虫害、无损伤的 4~5 年生罗汉松。此蟠扎造型折弯较多，成品苗高度通常是原苗高度的一半多一点儿（约 52%），所以要选择较高的苗木。

（2）栽植。选择大小适中的盆，本例选择 3 号素烧盆。将罗汉松 45° 斜植入土，如图 3-20 所示。

图 3-20 方拐式斜植

步骤 2 造型设计

（1）主干分段标记。在开始蟠扎之前，根据罗汉松的高度及枝条的柔韧度，将主干分段。传统方拐式枝盘限定为 6 层，现在 5~7 层均可。分段时应确保下部枝段较长，向上各段逐渐变短，以实现弓形弯下大、上渐小的效果。方拐式的主干要做成直角折弯，且注重整齐度。通常将每个折弯点用胶带进行标记，如图 3-21 所示。以 5 层为例，各段的理论长度百分比设计如图 3-22 所示，仅供参考，可适当调整。为了方便操作,先测量苗木高度,再按图中比例计算各段长度后分别标记。

图 3-21 方拐式分段标记示意图

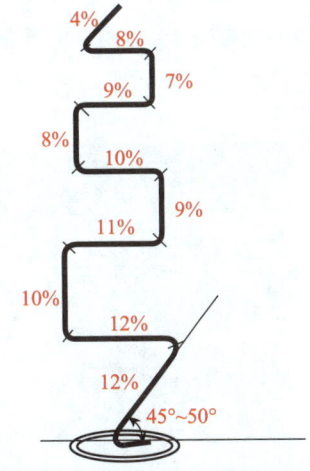

图 3-22 方拐式理论长度百分比设计

(2)选择、预留侧枝做枝盘。保留每一折弯点附近的枝条,其余的修剪掉。

步骤 3　蟠扎

(1)主干蟠扎(身法)。完成分段后,逐段扎弯。在扎弯过程中,要保证所有的弯都处在同一个垂直平面内,达到在侧面观察时,主干呈直线状的效果。

1)第一折,朝着栽植方向的相对方向扎弯,弯曲度约 135°,使主干弯曲后近似水平,如图 3-23 所示。蟠扎前应做好苗木的保护措施,可以用胶带反复缠绕待折弯处,并插入站棍帮助主干直立。

图 3-23 方拐式第一折

2)第二折,继续垂直向上扎个直角弯。
3)第三折,继续在水平方向扎个直角弯。

以此类推，按标记逐段扎弯，形成方拐式的弓形主干结构，正面图如图3-24所示。要求所有的弯都在同一个垂直平面内，侧向观察主干呈直线状，如图3-25所示。对于粗壮的枝干，可以在弯角内侧锯伤枝干，以帮助扎弯。同时，充分利用站棍对苗木进行绑扎，以支撑主干，保持其稳定性。

图3-24 方拐式正面图

图3-25 方拐式侧面图

（2）镇顶正型（顶部蟠扎）。对于方拐式的顶部，可以做成圆盘状顶盘（见图3-26），也可以无顶盘（见图3-27），但枝顶在垂直方向的投影都应与根茎部重合。

方拐式不是短期内可以完成的，它需要长期的蟠扎和维护工作，通常顶部的造型于后期完成。

图3-26 方拐式的圆盘状顶盘

图3-27 方拐式无顶盘

（3）枝盘蟠扎（枝法）

1）出枝位置和角度。出枝位置应正确，出枝角度应标准。在主干的折弯点出枝，枝朝左或朝右，形成平枝式枝盘。如果折弯处缺乏枝条，可以通过嫁接进行修复。

2）枝盘造型。将枝条蟠扎至水平，使其呈平伸状。每个枝盘宜窄不宜宽，枝盘整体应形成层次，下部枝盘较大，上部枝盘逐渐变小。

3）枝盘数量。枝盘交错上升，主干两侧各出平行、对称的枝盘，一般各为5~6片。

步骤4　养护成型

（1）蟠后养护。折弯处理对苗木伤害较大，因而应注意浇水的方式，宜浇灌而不宜喷淋，以减小伤口感染的可能性。初植时应适当采取荫蔽措施，之后再逐渐进行正常的除草松土、肥水养护等工作，以促进其健康生长。

（2）造型养护。在主干折弯处出枝形成枝盘的难度较大，特殊情况下需要先嫁接补枝再形成枝盘，以做出理想的造型。方拐式十年桩如图3-28所示，方拐式三十年桩如图3-29所示。

要及时对多余的新枝进行修剪，维护标准的弓形树形，同时保证枝盘层次分明，并控制枝盘的外形、大小和整齐度。

图3-28　方拐式十年桩

图3-29　方拐式三十年桩

操作提示

方拐式造型特殊，其弓形弯的弯曲度较大，因而矮化程度较大。例如，一株高1.5 m的4~5年生罗汉松苗，在完成方拐式造型后，其高度可能不到0.8 m。蟠扎后苗木基本定型，生长速度极慢，每年仅长高1~3 cm（造型不变的有效高度变化），如果需要培养较高大的成型苗，就需要使用昂贵的大苗。罗汉松大苗木质变硬，蟠扎难度加大，通常要采用锯干等非常规方法，故可以采用逐年造型的方式。假设需要制作一个高 1.5 m 的方拐式作品，按前述理论长度百分比计算各段长度，分别是 0.35 m、0.34 m、0.29 m、0.32 m、0.26 m、0.29 m、0.23 m、0.26 m、0.2 m、0.23 m、0.11 m（1.5 m 除以 52% 约等于 2.88 m，再乘以各段理论长度百分比，可大致得出上述数值）。选择一株高 1.5~1.7 m 的 4~5 年生罗汉松苗，第一年，只蟠扎前 4 段弯，留 0.2~0.4 m 的顶部嫩枝继续生长。当嫩枝处于垂直方向时，年生长量在 0.2~0.3 m。待养护 2~3 年后，顶部所留枝干总长度达到 0.6~0.7 m 时，可以继续蟠扎后段弯。以此类推，完全完成通常需要 6~8 年时间。

注意事项

1. 注意刀剪工具的使用安全。
2. 方拐式的主干弯曲度极大，蟠扎前应做好保护措施，蟠扎后应注意养护。
3. 苗木形态多样、结构复杂，其生长受环境因素影响较大，实际蟠扎时往往与理论计算有出入，因而可适当放宽要求。

掉拐式蟠扎实践

掉拐式骨架图如图 3-30 所示，掉拐式正面效果图如图 3-31 所示。

图 3-30　掉拐式骨架图

图 3-31　掉拐式正面效果图

操作准备

1. 了解掉拐式

掉拐式是静观花木蟠扎的一种独特造型，通常由 5 个弯组成，其传统名称为"一弯、二拐、三怀、四抱、五照足"。这一传统名称直观地描述了各弯的顺序与特点。掉拐式作品的正面与侧面展示了不同的形态，其空间感强，适用于需要提升视觉动感和层次感的环境，如门厅、走廊或接待区等。

2. 准备材料和工具

准备苗木、盆钵、培养土、棕丝、金属丝、布条、修枝剪、卷尺、浇水壶、花铲、胶带、木棍、竹棍等。

操作步骤

步骤1 选材及栽植

（1）选材。选择高度为1.3~1.5 m，直径为2~2.5 cm，主干明显且笔直、细长，分枝较为均匀，健壮、无病虫害、无损伤的3~4年生罗汉松。

（2）栽植。选择大小适中的盆，本例选择3号素烧盆。将罗汉松斜植于盆中，倾斜度为45°左右，如图3-32所示。

步骤2 造型设计

（1）主干分段标记。在开始蟠扎之前，根据需要将主干分为5段（每一段将被蟠扎为半圆形弯）。各段的理论长度百分比大概为40%、14%、16%、14%、12%（剩余4%灵活处置或做顶）。为了方便操作，通常先测量苗木高度，再按上述理论长度百分比计算，然后用胶带分段标记，如图3-33所示。

图3-32 掉拐式斜植

图3-33 掉拐式分段标记示意图

（2）预留侧枝。对于掉拐式，可以将侧枝做成平枝花枝式枝盘，也可以多方向出枝。因此，通常预留大部分侧枝，便于蟠扎侧枝枝盘。

步骤3 蟠扎

（1）主干蟠扎（身法）。完成分段后，逐段扎弯。在扎弯过程中，应注重打造复杂的掉拐式空间结构，以达到四面皆成景的立体效果。

1）第一弯。在正对操作者的垂直平面内，朝着栽植方向的相对方向弯曲枝干，其弯曲度较大，形成的是七折弯。第一弯的成型如图3-34所示。

2）第二弯。这是整个扎弯过程中最关键的一步操作。在第一弯的顶端进行转向，使枝干与水平面成45°角，同时朝着斜后方向斜拐蟠扎，如图3-35和图3-36所示。

3）第三弯。在近垂直方向向前弯曲枝干，注意在正面应看不到弧面。也可以将盆旋转90°，从第三弯开始在侧面扎S形弯，如图3-37所示。

图3-34 第一弯的成型（垂直方向）

图3-35 第二弯的蟠扎方向（斜后方向）

图3-36 掉拐式第二弯的成型

图3-37 从第三弯开始在侧面扎S形弯

4）第四弯。继续在侧面扎S形弯，在近垂直方向向后弯曲枝干，同样在正面应看不到弧面。

5）第五弯。在第三弯和第四弯形成的S形曲线基础上，进行收尾的第五弯蟠扎工作。在近垂直方向向前弯曲枝干，顺应已有的弯曲趋势，完成顶部盘绕。第五弯为镇顶弯（或称照足），该弯对顶盘的位置确定至关重要。枝顶形成的顶盘在垂直投影方向应该和根茎部重合。

掉拐式正面图如图3-38所示，掉拐式侧面图如图3-39所示。从侧面看，第三弯、第四弯和第五弯实际上是对拐式的S形弯。

图3-38 掉拐式正面图

图3-39 掉拐式侧面图

（2）镇顶正型（顶部蟠扎）。镇顶弯在蟠扎主干时已经完成，此步骤主要是蟠扎顶盘和调整树形。从第三弯开始，主干要微微向红色中心线倾斜，如图3-40所示的蓝色标线趋势，应利用站棍进行调整，使顶部与根部处于同一条垂直线上。在实际操作中，应将站棍紧靠苗木绑扎。

（3）枝盘蟠扎（枝法）

1）出枝位置。逢拱出枝，即在各拱形弯外侧最突出处的弯背出枝。对于掉拐式，第二弯的内部通常会显得很空，因而可以从第一弯弯顶向上培养一根飞枝，以填充空间。

图3-40 顶部与根部在一条垂直线上

2）出枝方向。可多方向出枝，形成水平外伸或略下倾斜的平枝花枝式枝盘，但出枝方向与水平面最好不要超过30°。枝盘分布应下部大、上部小。

3）枝盘造型。将侧枝做水平方向的S形蟠扎，形成平枝式或平枝花枝式枝盘，如图3-41所示。

4）枝盘数量。枝盘数量通常较多，可尽量预留大部分侧枝，如图3-42所示。

图3-41 成型的掉拐式

图3-42 掉拐式的侧枝预留

步骤4 养护成型

（1）蟠后养护。浇透水后先将初蟠苗木置于阴凉的地方缓苗，在7~10天后再进行正常的肥水养护、除草松土，保证其健康生长。

（2）造型养护。掉拐式的主干造型多能一次性蟠扎成型，而侧枝枝盘因为要求分布均匀、层次感强，故需要长时间的维护。应按设计的造型对新枝枝盘进行蟠扎，以促其丰满；应及时对多余的新枝进行修剪，以保持目标树形。

注意事项

1. 注意刀剪类工具的使用安全。
2. 掉拐式空间结构较复杂，要充分利用站棍，以帮助稳定造型。
3. 掉拐式主干多角度弯曲，要通过反复揉制预防枝干断裂，并在枝干出现轻微断裂时进行夹板式固定。

滚龙抱柱式蟠扎实践

滚龙抱柱式骨架图如图 3-43 所示，滚龙抱柱式正面图如图 3-44 所示。

图 3-43　滚龙抱柱式骨架图

图 3-44　滚龙抱柱式正面图（盆景创作：黄先胜）

操作准备

1. 了解滚龙抱柱式

滚龙抱柱式呈螺旋状，又称螺旋弯。滚龙抱柱式呈现空心的空间效果，苗木形似古代建筑中绕柱而上的龙，因而得名。滚龙抱柱式分为左旋和右旋两种类型，其前两弯与掉拐式相似，但从第二弯开始，以倾斜的一定角度螺旋上升。滚龙抱柱式空间感强，盘曲向上，有动感、有力量感。通常将其置于庭院中央、大厅入口或展览馆的焦点位置，用来吸引注意力。

2. 准备材料和工具

准备苗木、盆钵、培养土、棕丝、金属丝、布条、修枝剪、浇水壶、卷尺、花铲、胶带、木棍、竹棍等。

操作步骤

步骤 1　选材及栽植

（1）选材。选择高度为 1.3～1.5 m，直径为 2～2.5 cm，主干明显，分枝较为丰富，侧枝均匀分布，健壮、无病虫害、无损伤的 3～4 年生罗汉松。

（2）栽植。选择大小适中的盆，本例选择 3 号素烧盆。将罗汉松斜植于盆中，倾斜度为 45°左右，如图 3-45 所示。

步骤 2　造型设计

（1）主干分段标记。在开始蟠扎之前，根据罗汉松的大小将其主干分为 4 段，下部 2 段将蟠扎为两个半圆形弯，上部 2 段将蟠扎为连续的螺旋弯。各段的理论长度百分比大概为 40%、22%、20%、18%。为了方便操作，通常先测量苗木高度，再按上述理论长度百分比计算，然后用胶带分段标记，如图 3-46 所示。

（2）选择、预留枝条。本造型可以多方向出枝，应尽量保留健康侧枝。

图 3-45　滚龙抱柱式斜植　　　　　图 3-46　滚龙抱柱式分段标记示意图

步骤 3　蟠扎

（1）主干蟠扎（身法）。其前两弯与掉拐式前两弯的蟠扎技法相同。

1）第一弯。在正对操作者的垂直平面内，朝着栽植方向的相对方向弯曲枝干。第一弯的成型如图 3-47 所示。

图 3-47　滚龙抱柱式第一弯的成型

2）第二弯。在第一弯的顶端进行转向，使枝干与水平面成 45°角，同时朝着斜后方向斜拐蟠扎，如图 3-48 所示，并借助站棍从此弯开始形成螺旋弯。第二弯的成型如图 3-49 所示。

图 3-48　斜拐蟠扎第二弯

图 3-49　滚龙抱柱式第二弯的成型

3）第三弯。顺着第二弯的方向继续斜拐蟠扎，将枝干以一定角度进行螺旋式盘曲，使其状如"盘柱龙"。以此类推，顺势而为，形成螺旋弯。注意，越向上圈径应越小，不能做成机械的、不自然的弹簧状。滚龙抱柱式正面图如图 3-50 所示，滚龙抱柱式侧面图如图 3-51 所示。

图 3-50　滚龙抱柱式正面图

图 3-51　滚龙抱柱式侧面图

（2）镇顶正型（顶部蟠扎）。本造型可以暂不蟠顶，在形成 5~6 个枝盘后，再顺应螺旋上升之势做出顶部的平枝式枝盘，但要控制其大小。

采用传统技法用棕丝蟠扎本造型时，要求做到"三绳一螺旋圈"，这需要控制好各弯的弯曲度、间隔、方向，并考虑枝干粗细、软硬的不同和树节、分枝导致的不均衡，因此极为考验盆景艺人的技艺。目前，为了提高工作效率，也有用金属丝蟠扎此造型的。

（3）枝盘蟠扎（枝法）

1）出枝位置。滚龙抱柱式为四面观赏的造型，出枝较多，一般要求在拱形弯外侧出枝。

2）出枝方向。四周均可出枝，这些枝盘可以对称也可以不对称，没有固定的展开方向要求。枝盘一般为多方向的平枝花枝式。

3）枝盘造型。一般将侧枝在水平方向进行 S 形蟠扎，也可以使枝盘略微下垂。

4）枝盘数量。枝盘较多，可达十多片，要求下部丰满宽大、上部较小，符合自然生长规律。

步骤 4　养护成型

（1）蟠后养护。浇透水后先将初蟠苗木置于阴凉的地方缓苗，在 7~10 天后再进行正常的肥水养护、除草松土，保证其健康生长。

（2）造型养护。植株都有直立生长的习性，在自然生长规律下，难以维持标准螺旋弯的整齐度，因而保持滚龙抱柱式较难，需要长期对其进行维护。为了使侧枝枝盘多方向伸展，做出层次感较强的滚龙抱柱式，要及时对多余的新枝进行修剪，并按造型设计对新枝进行平蟠，以保持目标树形。滚龙抱柱式三年桩如图 3-52 所示，滚龙抱柱式十年桩如图 3-53 所示，滚龙抱柱式五十年桩如图 3-54 所示。

注意事项

1. 注意刀剪类工具的使用安全。
2. 用棕丝蟠扎螺旋弯是难点，要善于使用站棍。
3. 应多方向出枝盘，做出能四面观赏的造型效果。
4. 植株形态多样、习性各异，适宜观赏的部位各有不同，在蟠扎滚龙抱柱式时可以不拘泥于标准，适当创新。具有创新性的滚龙抱柱式盆景示例如图 3-55 所示，这是一株紫薇盆景，无侧枝枝盘，只保留了大顶盘。

图3-52　滚龙抱柱式三年桩
（盆景创作：聂廷学）

图3-53　滚龙抱柱式十年桩
（盆景创作：聂廷学）

图3-54　滚龙抱柱式五十年桩
（取景自静观花木文化艺术交流中心）

图3-55　具有创新性的滚龙抱柱式
　　　　盆景示例

三弯九倒拐式蟠扎实践

三弯九倒拐式骨架图如图3-56所示，三弯九倒拐式正面图如图3-57所示。

操作准备

1. 了解三弯九倒拐式

三弯九倒拐式空间结构精巧，多选用生长旺盛的细长植物制作本造型。三弯九倒

图 3-56 三弯九倒拐式骨架图

图 3-57 三弯九倒拐式正面图

拐式造型特点如下：在侧面将主干蟠扎出 9 个连续的小弯，形成"九倒拐"；在正面将主干蟠扎出 3 个显著的大弯，形成"三弯"。三弯九倒拐式作品视觉层次丰富，枝盘交错排布，具有独特的节奏感和层次美，便于多角度观赏，可以作为不同场所的视觉焦点或亮点。

2. 准备材料和工具

准备苗木、盆钵、培养土、棕丝、金属丝、布条、修枝剪、浇水壶、卷尺、花铲、胶带、木棍、竹棍等。

操作步骤

步骤 1　选材及栽植

（1）选材。选择高度在 1.5 m 以上，直径为 2.5~3 cm 的 4~5 年生罗汉松。三弯九倒拐式的弯曲较多，成品苗"矮化"严重，其高度约为原苗高的 60%，所以应选择较高的苗木。

（2）栽植。选择大小适中的盆，本例选择 3 号素烧盆。将罗汉松斜植于盆中，倾斜度为 45° 左右，如图 3-58 所示。

步骤 2　造型设计

（1）主干分段标记。在开始蟠扎之前，根据罗汉松的大小将其主干分为 9 段，每一段都将蟠扎为半圆形弯。分段时，最下部的第一段宜稍长，约占总长度的 12%，其余各段的理论长度百分比可设计为 11%。为了方便操作，通常先测量苗木高度，再按上述理论长度百分比计算，然后用胶带分段标记，如图 3-59 所示。

（2）选择、预留枝条。本造型可以多方向出枝，应尽量保留健康侧枝。

培训任务 3 | 静观花木蟠扎造型

图 3-58　三弯九倒拐式斜植

图 3-59　三弯九倒拐式分段标记

步骤 3　蟠扎

（1）主干蟠扎（身法）

1）形成九倒拐。完成分段后，逐段扎弯。按照对拐式的蟠扎技法做 9 个小弯，如图 3-60 所示，每个弯的弯曲度不要太大，做八折弯即可。在扎弯过程中，要保证所有的弯都处在同一平面内，这样在侧面观察时，主干才会近似呈直线状，如图 3-61 所示。

图 3-60　9 个小弯

图 3-61　主干呈直线状（侧面观察）

2）处理三弯。完成 9 个小弯的蟠扎后，将盆旋转 90°，在这个方位对第二个、第五个和第八个小弯的顶部进行大弯曲度处理，做出 S 形的三大弯，如图 3-62 所示。不同角度的三弯九倒拐式如图 3-63 所示。

（2）枝盘蟠扎（枝法）

1）出枝位置。三弯九倒拐式同为四面观赏的造型，出枝较多，可在拱形弯外侧出枝。

图 3-62　S 形的三大弯

图 3-63　不同角度的三弯九倒拐式

2）出枝方向。四周均可出枝，形成的枝盘以水平外伸为主，如图 3-64 所示的云片圆盘枝式。

3）枝盘造型。可将侧枝在水平方向做 S 形蟠扎，如图 3-65 所示的平枝花枝式。

4）枝盘数量。枝盘数量较多，可达十多片。

（3）镇顶正型（顶部蟠扎）。三弯九倒拐式作品需要长期的蟠扎和维护工作，其造型制作时间较长，所以，其顶部造型可于后期逐步完成。在三弯九倒拐式的顶部，多做圆盘状顶盘。

步骤 4　养护成型

（1）蟠后养护。浇透水后应将初蟠苗木放置在半阴的通风处养护十余天，让树桩快速恢复活力。待其伤口愈合，再进行正常的养护管理工作，加强光照，浇水施肥，适时松土，以促进苗木生长。

图 3-64　三弯九倒拐式成型桩
（云片圆盘枝式）

图 3-65　三弯九倒拐式成型桩
（平枝花枝式）

（2）造型养护。三弯九倒拐式空间结构复杂，随着苗木的生长，保持造型较难，因而需要长期对其进行维护。三弯九倒拐式的枝盘是多方向伸展的，可以是平枝花枝式枝盘，也可以是对称的平枝式枝盘。应及时对新枝进行平蟠，对多余的枝条进行修剪，以呈现造型的层次感。可以根据苗木的习性、形态适当调整造型。

注意事项

1. 注意刀剪类的使用安全。
2. 在蟠扎过程中应控制好力度、角度、方向。

大弯垂枝式蟠扎实践

大弯垂枝式骨架图如图 3-66 所示，大弯垂枝式正面图如图 3-67 所示。

操作准备

1. 了解大弯垂枝式

大弯垂枝式是静观花木蟠扎造型中最为奇特的一种。其主干造型并不复杂，主要呈现较大的 S 形弯，基部粗壮，所形成的大弯占据整体高度的一半左右。最具特色的是，在基部大弯的顶部两侧各形成一条较大的下垂飘枝。飘枝的下垂幅度极大，其顶尖往往低于苗木根茎；在飘枝上形成数层彼此近似平行的下垂飞枝（即枝盘），飞枝下垂的倾斜角可达 45°，整体造型极具飘逸感。大弯垂枝式的外观呈现伞状结构，近似对称的两大飘枝形如汉服的大袖，具有洒脱、飘逸的视觉效果。为了彰显其特点，展

图 3-66 大弯垂枝式骨架图

图 3-67 大弯垂枝式正面图

现下垂飘枝的优美姿态,多选花台或具有一定高度的花盆进行栽植,以提供足够的下垂空间。大弯垂枝式特别适合作为主景观赏。

2. 准备材料和工具

准备苗木、盆钵、培养土、棕丝、金属丝、布条、修枝剪、浇水壶、花铲、胶带、木棍、竹棍等。多准备 2~3 株苗木,便于根据需要选剪枝条嫁接。

操作步骤

步骤 1　选材及栽植

(1) 选材。大弯垂枝式的选材是一个难题,因为要求苗木主干中部有两根相邻的极长侧枝,但这并不是大多数苗木的自然状态。因而通常多选 2~3 株苗木,以便嫁接合适的枝条。

选择高度为 1.3~1.5 m,直径为 2~2.5 cm,主干明显且笔直、细长,中上部分枝、侧枝均匀分布,健壮、无病虫害、无损伤的 3~4 年生罗汉松,将其作为主苗和砧木;再选择其他稍小的苗木作为接穗。

(2) 栽植。选择大小适中的盆,本例选择 3 号素烧盆。将罗汉松斜植于盆中,倾斜度为 45° 左右,如图 3-68 所示。

步骤 2　造型设计

对主干进行分段标记。如图 3-69 所示,在主干中部稍偏上的部位(红圈处),选择一根健壮的侧枝进行重点保护,此侧枝将代替主干。同时,保证主干中上部侧枝充足,通常应有 4~5 枝。

图 3-68 大弯垂枝式斜植

图 3-69 大弯垂枝式分段标记（圈出健壮侧枝）

步骤 3　蟠扎

（1）主干蟠扎（身法）

1）将苗木上半部分（主干高度的一半）朝水平方向弯曲，蟠扎一个大弯，如图 3-70 所示。在重点保护侧枝的上方，用小刀在主干上切出楔形切口（俗称伤干），其深度约为干径的 1/3，如图 3-71 所示。然后，强行对上半部分的主干进行大角度折弯，形成与垂直方向成 30°角的大飘枝。

图 3-70 蟠扎一个大弯

图 3-71 伤干位置

2）用重点保留的健壮侧枝在垂直方向上代替主干，对其做 S 形弯，如图 3-72 所示。如果该侧枝还不够粗壮、不够长，那么可以慢慢培养，边长边蟠。如果需要快速成型，也可嫁接其他苗木的长枝来代替主干。

3）在大飘枝上蟠扎枝盘，如图 3-73 所示。

4）在大弯的弯背上嫁接一根长枝，要求该嫁接枝下垂至根茎处，成为另外一侧的大飘枝。由于大飘枝是下倾的，因此应采用颠倒嫁接法；又由于所嫁接枝条过长，因

图 3-72 对健枝侧枝做 S 形弯

图 3-73 大飘枝上的初蟠枝盘

此应采用靠接法,即将作为接穗的带根苗木与作为砧木的苗木邻近栽植。操作时,先将嫁接部分削皮,以露出形成层(见图 3-74);然后调整两盆位置,使砧木、接穗伤口的形成层对齐、靠紧;最后进行绑扎(见图 3-75)。待伤口愈合后再切断接穗苗根部,通常需要养护两三个月才能保证嫁接枝成活。嫁接成型如图 3-76 所示。

5)下拉成活的嫁接大飘枝,蟠扎出若干枝盘,如图 3-77 所示,使左、右两侧的大飘枝近似对称,呈现三角支撑之势。

(2)枝盘蟠扎(枝法)

1)出枝位置和方向。在左、右下垂大飘枝上均匀出枝盘,各枝盘近似平行,形成平枝式枝盘。枝盘向下倾斜(倾斜角近 45°),左、右近似对称。

图 3-74 削皮露出形成层

图 3-75 靠接法绑扎

图 3-76 嫁接成型

图 3-77 嫁接枝上的初蟠枝盘

在新主干的 S 形弯上,对向左、向右长出的侧枝分别进行水平蟠扎,形成水平外伸或略下倾的平枝式枝盘。

2)枝盘数量。各枝盘交错上升,传统做法是在新主干两侧各蟠出 5 片平行、对称的枝盘,即形成 5 层 10 盘,寓意十全十美,但实际操作时往往不强求。

(3)镇顶正型(顶部蟠扎)。多将顶部蟠扎为圆盘状顶盘,同样要求顶盘在垂直投影方向与根茎部重合。

步骤 4 养护成型

(1)蟠后养护。大弯垂枝式的蟠扎成型时间较长,养护工作烦琐。前期浇水多浇灌、少喷淋,以减少伤口感染的可能性。对初蟠苗木先适当荫蔽,再进行正常的除草松土、肥水养护,以促其健康生长。

(2)造型养护。大弯垂枝式造型特殊,新主干由侧枝代替因而较柔弱,需要随其生长而做造型。两大下垂飘枝向下逆向生长,虽然形态好看,但不符合正常植物的生长规律,因而需要对其进行牵拉控制,并及时修剪向上生长的枝条。大弯垂枝式成型桩如图 3-78 所示。

注意事项

1. 注意刀剪类的使用安全。

2. 在大角度折弯主干做飘枝时,易发生主干断裂的情况,应注意包裹伤口促其愈合。

3. 可以采用其他造型技法形成"大弯垂枝",但应保证低垂于主干基部的两大对称飘枝是造型的重点。

图 3-78　大弯垂枝式成型桩

直身加冕式蟠扎实践

直身加冕式正面图如图 3-79 所示。

大型地栽　　　　　　　　　盆栽

图 3-79　直身加冕式正面图

操作准备

1. 了解直身加冕式

直身加冕式又称直身逗顶式，是利用树干快速培养粗壮树桩盆景所形成的一种静观花木蟠扎造型。这种技艺是将植株留桩去顶，用留下的树桩分枝蟠出 3～4 层枝盘，在去顶的位置保留或培养一根健壮侧枝，并用该侧枝代替主干做 S 形弯或掉拐弯，同时在该侧枝上蟠出 2～4 层枝盘。其最大特点是顶部如同古代帝王戴的"冠冕"，因而得名。

直身加冕式成型速度快，可以在相对较短的时间内形成高大、粗壮的大树型树桩盆景，具有独特的视觉吸引力。

2. 准备材料和工具

准备苗木、盆钵、培养土、棕丝、金属丝、布条、修枝剪、园林锯、浇水壶、花铲、胶带、木棍、竹棍等。

操作步骤

步骤 1　选材及栽植

（1）选材。将高大、粗壮的苗木去顶，所保留树桩的高度应与粗度正相关，要求树桩下部留有侧枝。

（2）栽植。将去顶苗直立或倾斜 70° 栽植以养桩，如图 3-80 所示。保证肥水正常，刺激其产生侧枝。若侧枝不足，则需要采用嫁接的方法在适当的位置补枝。

步骤 2　造型设计

利用树桩上的侧枝，在左、右两侧设计平枝式枝盘，形成左右呼应之势。对于顶部保留的或新发的侧枝，可以设计状如"冠冕"的 S 形弯。留枝蟠扎成型如图 3-81 所示。

图 3-80　去顶苗养桩

图 3-81　留枝蟠扎成型

步骤 3　蟠扎

（1）主干蟠扎（身法）。对于直身加冕式，不需要蟠扎主干，而需要蟠扎树桩顶部留下的侧枝。待此侧枝生长一两年长至足够粗壮后，再对其进行 S 形弯的蟠扎，使其代替主干。此侧枝粗度应与树桩顶部（去顶处）粗度过渡自然，不要过于突兀，且其造型总长度一般不超过苗高的1/3。如果该侧枝生长得不够壮健或没有长出位置适当的侧枝，则需要另外嫁接壮枝。

（2）枝盘蟠扎（枝法）

1）利用树桩上保留的侧枝，在树桩左、右两侧各蟠出3～4层平枝式枝盘。

2）对于顶部新主干的侧枝，可以蟠出2～3层枝盘，形成直身加冕式的"冠冕"。出枝方向同样或左或右，出枝角度水平外伸或略做调整。通常整个树桩上共5～7层枝盘。

（3）镇顶正型（顶部蟠扎）。在直身加冕式的顶部多做较小的圆盘状枝盘，要求顶盘在垂直投影方向与根茎部重合。

步骤4　养护成型

（1）蟠后养护。在将树桩去顶、栽植后不能马上蟠扎造型，需要先进行较长时间的培育，在位置适当的枝条长出、长粗后才能进行蟠扎。一个成功的直身加冕式作品往往需要3～5年才能完成。在此过程中，应保证肥水正常、加强养护管理，以促进新枝生长。

（2）造型养护。诱发的新枝不可能都处于理想状态，因而要随机应变，对设计的造型进行适当的改变，或通过嫁接新枝来满足造型要求。

直身加冕式成型桩如图3-82所示。

图3-82　直身加冕式成型桩
（盆景创作：罗继明）

注意事项

1. 注意刀剪类工具的使用安全。

2. 直身加冕式的顶部不要过大。

3. 若顶部新侧枝粗度与原主干粗度差异较大，可以用球节剪适当剪细树桩顶部进行过渡，还可以在去顶切口附近蟠出枝盘进行遮挡。

接弯掉拐式蟠扎实践

接弯掉拐式示意图如图3-83所示，接弯掉拐式作品如图3-84所示。

操作准备

1. 了解接弯掉拐式

接弯掉拐式又称逗身掉拐式，该造型的技法与掉拐式的技法相似。不同之处在

图 3-83　接弯掉拐式示意图

图 3-84　接弯掉拐式作品

于，接弯掉拐式利用一段老桩作为第一弯的下半部分，对老桩上新发的侧枝按照掉拐法蟠扎。接弯掉拐式在底部留下历尽沧桑的老桩，在上部利用新枝蟠扎造型，展现一种"枯荣之美"，使局部受损的苗木焕发生机。该造型既能体现岁月的沉淀，又能体现生命的顽强。接弯掉拐式作品适用于门厅、走廊或接待区等有动线和层次变化的环境，非常耐细品，具有移步换景的观赏效果。

2. 准备材料和工具

准备苗木、盆钵、培养土、棕丝、金属丝、布条、修枝剪、浇水壶、花铲、胶带、木棍、竹棍等。

操作步骤

步骤 1　选材及栽植

（1）选材。选择主干受损的苗木，仅保留基部高 20～30 cm 的树桩（或根据残桩大小适当保留），去顶。

（2）栽植。将树桩以 45°～60° 斜植入土（或盆）。对于新发的枝条，择优保留上侧的一根培养成干。在培养 2～3 年，该枝长到高度为 1.2～1.3 m、直径为 1.5～2 cm 后，便可以蟠扎。或直接采用嫁接技术，在斜生的树桩上嫁接较壮新枝，待新枝成活便可对其蟠扎，以加快成型速度。总体要求是保持老干斜植、新干垂直。

步骤 2　造型设计

（1）主干分段标记。与掉拐式的分段标记方法相似，只是在底部利用斜植的老桩，以加大作品的厚重感。各段理论长度百分比大概为 40%（第一弯要算上老桩长度）、14%、16%、14%、12%（剩余 4% 灵活处置或做顶）。

（2）选择、预留枝条。通常保留弯背的枝条。

步骤 3　蟠扎

（1）主干蟠扎（身法）

1）第一弯。在垂直平面内朝着老桩栽植方向的反方向，扎一个弯曲度较大的大弯。特别强调，应顺着新枝生长方向扎弯，因而需要绑扎、固定新枝着生部位，以免扎弯时损伤新枝的发枝点。

2）第二弯。在第一弯的顶端将枝干转向，使其与水平方向成45°角，同时朝着斜后方向斜拐蟠扎。

3）第三弯。在近垂直方向将枝干向前弯曲，使弯背向后。

4）第四弯。在近垂直方向将枝干向后弯曲，使弯背向前。

5）第五弯。继续扎第五弯。相当于在第三弯以后，在侧面（可以将盆旋转90°操作）做对拐式的S形弯。

（2）枝盘蟠扎（枝法）

1）出枝方向和角度。可多方向出枝，枝盘应水平外伸并略下倾。因为下部老桩无枝盘，较空，故下部侧枝枝盘较掉拐式的倾斜角可稍大。也可以根据需要，利用飞枝填充空间。

2）出枝数量。可蟠出5~7片平枝式枝盘。

3）枝盘造型。将侧枝在水平方向进行S形蟠扎，既可以多方向呈现平枝花枝式，也可以呈现左右平枝式。

（3）镇顶正型（顶部蟠扎）。同掉拐式，在第五弯做出"照足"顶盘，其垂直方向投影应与根茎部重合。

步骤 4　养护成型

（1）蟠后养护。浇透水后先将初蟠苗木置于阴凉处缓苗，在7~10天后再进行正常的肥水养护、除草松土，以促进植株生长。

（2）造型养护。修剪多余的新枝，蟠扎、维护新枝枝盘，在达到目标树形后应维持造型效果。

接弯掉拐式成型桩如图3-85所示。

注意事项

1. 注意刀剪类工具的使用安全。

2. 在蟠扎第一弯时容易将新枝掰断，应做好保护措施。

3. 苗木留桩的大小、高度不同，要灵活设计造型。

4. 苗木是有生命的，其生长受环境影响较大，理论标准可以根据实际情况适当调节和放宽。接弯掉拐式变形款作品如图3-86所示。

大型地栽　　　　　　　　　盆栽（盆景创作：聂廷学）

图 3-85　接弯掉拐式成型桩

（取景自静观花木文化艺术交流中心）

图 3-86　接弯掉拐式变形款作品

测试题

一、判断题（下列判断正确的请打"√"，错误的请打"×"）

1. 规则式造型的蟠扎顺序是先蟠主干、后扎枝盘，由下向上、由中心向外。
（　　）

2. 蟠扎时机一般选在农闲时节。（　　）

3. 掉拐式的顶部与根部处于同一条垂直线上。（   ）

4. 方拐式适合多角度观赏。（   ）

5. 在蟠扎直身加冕式时，若代替主干的新侧枝粗度与原主干粗度差异大、不协调，可用球节剪削剪，在去顶切口处形成过渡段或在切口附近蟠扎枝盘进行遮挡。（   ）

6. 大弯垂枝式的大飘枝可通过嫁接形成，采用的嫁接方法是芽接法。（   ）

7. 大弯垂枝式最典型的特点是有左、右两条近似对称的下垂大飘枝。（   ）

8. 滚龙抱柱式呈螺旋状，形似古代建筑中绕柱而上的龙。（   ）

9. 在蟠扎直身加冕式时，需要在去顶的位置留一根健壮侧枝，并用该侧枝代替主干做 S 形弯。（   ）

10. 在蟠扎接弯掉拐式时，使用的老桩部分不算在主干分段长度之内。（   ）

二、单项选择题（选择一个正确的答案，将相应的字母填入题内的括号中）

1. 静观花木蟠扎主要以（   ）造型为主。

    A. 主干　　　　　B. 枝盘　　　　　C. 根　　　　　D. 叶

2. 根据对拐式的蟠扎要求，侧枝应该（   ）。

    A. 在主干正面的左、右两侧水平分布

    B. 随机分布

    C. 在主干正面的前、后两侧水平分布

    D. 在主干的四周均匀分布

3. 在蟠扎方拐式造型时，第一弯的弯曲度大约是（   ）。

    A. 90°　　　　　B. 135°　　　　　C. 180°　　　　　D. 270°

4. 蟠扎的"边生长边造型"是指（   ）。

    A. 先蟠主干，后蟠枝条

    B. 先蟠扎成型，再慢慢养护

    C. 按比例先蟠主干下部造型，等主干长足高度，再蟠主干上部造型

    D. 先蟠枝条，后蟠主干

5. 在掉拐式中，第二弯是（   ）蟠扎的。

    A. 在水平方向

    B. 在垂直方向

    C. 与水平面成 45° 角，朝着斜后方向

    D. 与水平面成 45° 角，朝着斜前方向

6. 从侧面看，掉拐式的第（   ）弯开始向上呈现 S 形弯。

    A. 一　　　　　B. 二　　　　　C. 三　　　　　D. 四

7. 滚龙抱柱式的螺旋弯是从第（ ）弯开始形成的。
   A. 二　　　　　B. 三　　　　　C. 四　　　　　D. 五

8. 三弯九倒拐式的"三弯"，是在"九倒拐"（旋转盆90°）的（ ）小弯的顶部进行大弯曲度处理。
   A. 第一个、第四个和第七个
   B. 第二个、第五个和第八个
   C. 第三个、第六个和第九个
   D. 第二个、第四个和第六个

9. 在直身加冕式中，所形成的"冠冕"一般（ ）。
   A. 大于整个苗高的1/2
   B. 小于整个苗高的1/3
   C. 视枝干粗度而定，枝干越粗，"冠冕"越大
   D. 无所谓高矮，看新枝发育程度而定

10. 接弯掉拐式的特色是利用一段（ ）作为第一弯的下半部分。
    A. 嫁接的枝条　　　　　　B. 老桩
    C. 新发的枝条　　　　　　D. 根部

测试题参考答案

一、判断题

1. √　2. ×　3. √　4. ×　5. √　6. ×　7. √　8. √　9. √　10. ×

二、单项选择题

1. A　2. A　3. B　4. C　5. C　6. C　7. A　8. B　9. B　10. B

学习单元 2

自然式造型

一、树桩盆景的栽植方法

树桩盆景造型的制作思路主要有两种：一种是按照固有造型的形态标准按需选苗，选定植物种类，选择生长年限、外观形态适宜的苗木，这种制作思路相当于"定向培养"；另一种是针对已有特定形态的树桩，根据其桩型设计造型，制作树桩盆景，这种制作思路相当于"因材施教"。

其中，"因材施教"这种制作思路更具有挑战性，因为并无固定技法，反而要求更高。"因材施教"需要盆景艺人结合所学知识和所积累经验进行综合考虑，类似的树桩在不同的盆景艺人手里可以形成不同风格的造型，其艺术性、经济价值差别极大。这类作品非常考验盆景艺人的个人喜好、专业技艺和审美能力。

自然树桩多源于野外挖掘、城市绿地更新、苗圃淘汰等。这些没有成型的自然树桩统称生桩或桩胚，多是被粗暴挖掘、重度修剪的根胚或树干。常用的生桩处理方法如下。

1. 整理根部

在合适的位置截断主根，保留侧根，以方便上盆；用生根粉溶液浸泡根部，以成活为目标。

2. 处理枝干

短截主干，可进行重度修剪。从前后左右、直横斜卧等多角度观察，设计初步的造型，确定大致的主题，将不需要的枝干剪去，只留下符合造型要求的枝干。

3. 栽前处理

对于裸根挖掘的失水苗，应将其浸泡在水中 10~20 min，可以加入适量的生根粉。然后在伤口处涂抹植物愈合剂，防止感染。对于茎干上的大切口，可覆盖铝膜或缠绕保鲜膜，防止其失水。

4. 栽植保活

（1）使用透气的基质土。栽植新桩用的基质土由风化石、素沙土、蛭石等配制而成，通常还会加入少量的腐殖质。一般不需要使用养分充足的培养土。注意，应按设计角度栽植。

（2）采用高培土法。高培土法又称围土法，即先用瓦片、纸板、塑料等在树桩周围形成围挡，再填入基质土并堆高，用基质土直接覆盖树桩的大部分桩体，仅露出部分枝干。

（3）采取保水措施。在低温环境下，可以在茎部或枝干上绑草绳或保鲜膜，或将整个生桩套袋，以帮助枝干保水。

5. 养护管理

创造良好的生长环境，在排水、通风、光照条件较好的地方养胚。注意，在夏季要防晒，在冬季要防寒。在养护一两个月后去除套袋，在生桩发新芽后解除草绳或保鲜膜；在生桩成活后逐步降低培土堆高度，直到露出桩体甚至部分根系；除掉位置不好或过密的萌芽，保护位置适合的枝条并促其健壮。

当新芽、长枝位置不理想时，需要嫁接补救或重新设计造型。

二、自然式造型的种类

自然式树桩盆景多采用生桩栽植成活，待新枝长出时，一般留二三根加以蟠扎，如果根盘粗大，也可以多留几根做多干丛林状造型。同时蟠扎枝盘，以控制树冠形态，如形成三角冠、平顶冠、散点冠、扇形冠、回头冠、枯梢冠等。

自然式造型根据主干类型可以分为直立式、斜干式、卧干式、悬崖式等。自然式造型不拘于定式，师法自然。

1. 直立式

直立式的主干总体上与盆面垂直或略倾斜（倾斜角大于70°），即使基部扭曲、弯曲也可归于此类。直立式根据树干的数量可分为单干、双干和多干，根据外观特点可分为大树型、文人型、迎客松型等。

2. 斜干式

斜干式的主干倾斜，与盆面成45°角，树冠偏于一侧。

3. 卧干式

卧干式的主干横卧而接近盆面，造型呈平卧或仰卧之势，姿态独特。

4. 悬崖式

悬崖式的主干倒悬于盆外，树冠下垂呈悬崖状。根据主干倒悬的程度，超过盆面但不超过盆底的称为小悬崖，超过盆底的称为大悬崖。

自然式造型的蟠扎要求更高，必须精心构思，根据立意需求或者现有植物材料进行创作，综合考虑形态外观、植物习性、美学原理等反复推敲，在规则式蟠扎技法的基础上因势利导，做出新意。

> **小贴士**
>
> 严格来说，立身照菀式和综合式（又称巧借式）在传统的静观花木蟠扎造型中属于规则式造型，业内人士很容易在这两类作品中发现规则式蟠扎技法，但因其取材于自然树桩，形态具有多样性，加上盆景艺人以开放的思维方式创作盆景作品，使其逐步不受章法和规则的拘束，因而具有更丰富的层次和更自然的风格，体现了更自然、更奔放的创作理念。因而，这两类作品与自然式造型的界限越来越模糊。

操作技能

立身照菀式蟠扎实践

立身照菀式正面图如图3-87所示。

图 3-87 立身照苑式正面图

操作准备

1. 了解立身照苑式

立身照苑式又称老妇梳妆式，其造型旨在表现树木受损后依然坚韧生长的状态，主要以具有古老艺术特质和独特形态的树苑作为创作基础。在树苑新枝长出之后，筛选 2~3 根健壮枝条培养造型，通过蟠扎技法塑造"二弯四拐"的主干和"一弯三拐"的副干，形成高、中、低层次分明且不对称的自然式造型。这类作品强调自由生长，视觉层次较丰富，具有原始而古朴的韵味和较高的审美价值。此造型不仅能修复自然损伤的树桩，还能通过有意截去成熟枝干激发新枝生长的方法来创造全新的盆景作品。

2. 准备材料和工具

准备苗木、盆钵、培养土、棕丝、金属丝、布条、修枝剪、浇水壶、花铲、胶带等。

操作步骤

步骤 1 选择具有独特形态的自然树桩，截去上部枝干进行培育，促使新枝生长。在新枝长出后，挑选 2~3 根甚至更多的粗壮枝条继续培育，去除其余枝条。

步骤 2 为了营造"悬根露爪"的视觉效果，可以在树桩底部嵌入石块并覆土，或采用高培土法提根。采用高培土法提根时，先堆高基质土并用瓦片、纸板、塑料等进行围挡，使基质土直接覆盖在树桩的根颈部；然后逐层去除堆土使树根裸露，逐渐形成悬挂提起状的根颈部。

步骤 3 对于主干，采用类似于三弯九倒拐式的技法，形成"二弯四拐"的造型效果。对于副干,则要求实现"一弯三拐"的造型效果,确保从正面和侧面都能观察到弯曲度的变化。总体上,主干扭曲,副干平枝,形如老妇对镜梳妆打扮,故此式又得名老妇梳妆式。其新枝多直立,树桩较粗大。不同类型的立身照苑式如图3-88所示。

单干(盆景创作:姚志安)　　双干(盆景创作:姚志安)　　多干(取景自静观花木文化艺术交流中心)

图3-88　不同类型的立身照苑式

步骤4　在确定扎弯方向时,应以侧面效果为主、正面效果为辅,这样在侧面观察到的弯曲度大于正面的。同时,确保主干的顶部与根部在同一条垂直线上,以保持整体造型平衡、和谐。立身照苑式的镇顶照足效果如图3-89所示。

图3-89　立身照苑式的镇顶照足效果(盆景创作:聂廷学)

步骤5　在蟠扎枝盘时,应注重主干和副干枝盘的和谐与统一,力求形成非等腰三角形树冠。

注意事项

1. 在实践过程中,必须遵循"照足"原则,同时融合其他造型技法,以体现盆景整体的和谐之美。

2. 应精心设计、蟠扎、养护,打造既符合自然生长规律,又体现艺术美的盆景作品。

综合式蟠扎实践

综合式作品正面图如图 3-90 所示。

(取景自静观花木文化艺术交流中心)

(盆景创作:聂廷学)

(盆景创作:罗继明)

图 3-90　综合式作品正面图

操作准备

1. 了解综合式

制作综合式应不拘泥于单一的某种技法,而是依据植物材料自身的特点和生长形势,综合运用多种技法而蟠扎成型。进行综合式蟠扎时,可以结合对拐式、掉拐式、滚龙抱柱式等的技法，以制作出有序但不失自然趣味的造型。主干可以部分呈现直干的形式，部分采用滚龙抱柱式或对拐式的技法进行弯曲，以营造出丰富多样的视觉效果，强调规律与自然的和谐过渡。这类作品往往具有极高的艺术价值，因为是融合多种蟠扎技法制作而成的。当获取的植物材料不符合常规要求或不够理想时，巧妙地采用不同技法进行综合式设计，可以使整个作品虽无定式但和谐、统一。

2. 准备材料和工具

准备苗木、盆钵、培养土、棕丝、金属丝、布条、修枝剪、浇水壶、花铲、胶带等。

操作步骤

步骤1　观察准备

从整体的角度审视苗木，把握其自然形态和生长趋势，确立盆景创作的主题和构思框架。例如，观察卧干新枝的萌发情况，如图3-91所示。

图3-91　观察卧干新枝的萌发情况（盆景创作：聂廷学）

步骤2　立意设计

初步设计基本结构、主干形态、枝盘分布和外观特色。

步骤3　蟠扎造型

综合运用所掌握的蟠扎技法，灵活、变通地进行蟠扎，逐步达到设计目的。运用多种技法对新枝进行蟠扎如图 3-92 所示。

图 3-92　运用多种技法对新枝进行蟠扎

步骤 4　整体调整

仔细观察作品的每处细节，对整体造型进行调整和优化，使作品既具有美感，又符合自然规律，还显得充满活力和生机。

步骤 5　养护成型

综合式造型的蟠扎往往是一个长期的过程，应保证肥水正常，及时修剪多余的新枝，按所设计的造型不断对新枝进行蟠扎，逐步达到目标树形。

卧干式的蟠扎效果如图 3-93 所示，双干直立式的蟠扎效果如图 3-94 所示。

效果初现　　　　　　　　　　　多年培养的效果（盆景创作：唐波）

图 3-93　卧干式的蟠扎效果

注意事项

1. 应注重主干和副干枝盘的和谐与统一，以确保整体效果的平衡。

2. 因为植物材料形态差异性较大，所以完成综合式作品需要的时间长短不一，但大多需要较长时间。

养桩　　　　　　　　　初蟠　　　　　　　　　成型

图 3-94　双干直立式的蟠扎效果

测试题

一、判断题（下列判断正确的请打"√"，错误的请打"×"）

1. 树桩盆景的制作只有一种固定的技法和标准。　　　　　　　　　　（　　）
2. "因材施教"类作品非常考验盆景艺人的个人喜好、专业技艺和审美能力。
　　　　　　　　　　　　　　　　　　　　　　　　　　　　　　（　　）
3. 挖掘野外的树桩时，不需要对根部和枝干进行处理。　　　　　　（　　）
4. 在制作自然式树桩盆景的过程中，一般留二三根枝干加以蟠扎。　（　　）
5. 自然式造型不拘于定式，师法自然，因此不需要精心构思。　　　（　　）
6. 老妇梳妆式的技法仅适用于修复自然损伤的树桩。　　　　　　　（　　）
7. 在老妇梳妆式中，主干的顶部应与树部在同一条垂直线上。　　　（　　）
8. 综合式盆景是融合多种蟠扎技法制作出来的。　　　　　　　　　（　　）
9. 在综合式作品中，主干必须全部采用直干的形式。　　　　　　　（　　）

二、单项选择题（选择一个正确的答案，将相应的字母填入题内的括号中）

1. 树桩盆景造型的制作思路（　　）。

   A. 包括定向培养和因材施教　　　　B. 只有定向培养

   C. 只有因材施教　　　　　　　　　D. 包括无固定技法和按需蟠扎

2. 对于裸根挖掘的失水苗，应（　　）。

   A. 直接栽植，不做任何处理

   B. 用水泡根 10～20 min，可以加入适量的生根粉

C. 在伤口上涂抹防腐剂，防止感染

D. 裸露茎干上的大切口

3. 在栽植树桩时，多使用（　　）。

A. 纯沙土　　　　　　　　　　　B. 养分充足的培养土

C. 透气的基质土　　　　　　　　D. 纯黏土

4. 自然式造型根据（　　）可以分为直立式、斜干式、卧干式、悬崖式等。

A. 主干数量　　　B. 主干类型　　　C. 树冠形态　　　D. 枝盘类型

5. 在自然式造型中，直立式的主干与盆面的倾斜角应大于（　　）。

A. 45°　　　　　B. 60°　　　　　C. 70°　　　　　D. 90°

6. 当盆景的主干倒悬于盆外，树冠下垂呈悬崖状时，称其为（　　）。

A. 直立式　　　　B. 悬崖式　　　　C. 平顶冠　　　　D. 扇形冠

7. 老妇梳妆式造型旨在表现（　　）。

A. 树木自然生长的状态　　　　　B. 树木受损害后依然坚韧生长的状态

C. 树木规律生长的状态　　　　　D. 树木无序生长的状态

8. 在老妇梳妆式中，主干应塑造出"（　　）"的效果。

A. 一弯二拐　　　B. 二弯三拐　　　C. 二弯四拐　　　D. 三弯九拐

9. 综合式又称（　　）。

A. 固定式　　　　B. 巧借式　　　　C. 单一式　　　　D. 传统式

测试题参考答案

一、判断题

1. ×　2. √　3. ×　4. √　5. ×　6. ×　7. √　8. √　9. ×

二、单项选择题

1. A　2. B　3. C　4. B　5. C　6. B　7. B　8. C　9. B

培训任务 4

盆景花木的选择和养护

任务目标

了解盆景花木的选择要求。

熟悉常见的盆景花木,了解其特点。

能够根据盆景花木自身的特点,在盆景制作中加以应用。

能够采取合理的养护管理措施,如施肥、浇水、换盆、病虫害防治等,保障盆景植物的健康生长。

能够通过修剪整形、蟠扎维护,保持和提高树桩盆景的观赏价值。

学习单元 1

盆景花木的选择

一、盆景花木的选择要求

1. 盆景花木的形态特征要求

所谓盆景花木四条件，即"根露、干粗、枝密、叶细"。"根露"可以人工干预和培养，而"干粗、枝密、叶细"则是盆景花木应具有的形态特征。通常要求枝干健壮且易于弯曲定型，枝节间距短而密集，叶片小巧。满足上述四条件的盆景花木既有利于做造型，又能通过比例关系表现树木的高大或山川的巍峨。

如果花木树皮斑驳、叶形奇特、叶色富于变化、花果鲜艳，则更为理想。

2. 盆景花木的习性要求

盆景花木应具有较强的环境适应能力。盆景花木多在土壤容量有限的盆钵内长期生长，因而应选择抗性强、生长缓慢、寿命长的品种。盆景艺人需要了解不同品种花木的生长习性，如喜阳或耐阴、耐旱或耐湿等，以便有针对性地进行养护和管理。

3. 盆景花木的栽培养护要求

盆景花木应生命力顽强，具有较强的愈伤能力、抗病能力，且易成活、耐换盆、可嫁接等，还能耐受频繁修剪，并容易做成造型。其幼嫩枝条应韧性较好，以利于蟠扎塑形；其成熟枝条应硬度较高，以利于保持树形。

4. 盆景花木的观赏价值要求

盆景花木的观赏价值主要体现在独特的形态、色彩、香气等方面。在选择盆景花木时，要注重其整体的美观度和艺术表现力，力求将其塑造成富有生命力的艺术作品。此外，设计造型时还要考虑盆景花木的寓意，以增加其文化内涵和审美价值。

二、常用盆景花木的种类及其特点

1. 罗汉松

罗汉松是罗汉松科常绿乔木。其叶螺旋状着生，革质，呈线状披针形。其种子呈卵圆形或近球形，外形似"罗汉"，故而得名。罗汉松树形优美，清雅挺拔，枝条粗壮，叶片茂密，极具观赏价值，常用作园景树。罗汉松还具有长寿、守财、吉祥的寓意，是庭院和高档住宅区的首选绿化树种。罗汉松是我国国家二级保护野生植物。

罗汉松的1~2年生嫩枝柔软、易于做造型，3年以上老枝变硬、易于定型，整体造型保持时间较长，是优良的盆景花木。

2. 乌柿

乌柿是柿科常绿小乔木。其干短而粗，枝小而纤细。其叶薄而小，革质，呈长圆状披针形，呈深绿色，叶柄短。其花冠呈壶状，香气若兰，故而得名"瓶兰花"。其浆果呈球形，成熟时呈橙红色至鲜红色，形似弹丸，故而得名"金弹子"。

乌柿观赏性较强，观茎、观花、观果效果均佳。乌柿的老茎自然虬曲，色泽如铁，古朴苍劲，故而得名"黑塔子"。

3. 银杏

银杏是银杏科落叶大乔木。其树皮纵裂、非常粗糙。其叶呈扇形，于秋季变成黄色，颇为美观。其花雌雄异株。其种子呈卵圆形。因观叶、观形、观果效果俱佳，银杏成为园林绿化的理想树种之一。银杏常用于制作大型盆景，其造型古朴，枝叶扶疏，具有较高的观赏价值。

注意，银杏叶片较大，需要经常修剪、蟠扎，否则易散乱。

4. 冬青卫矛（大叶黄杨）

冬青卫矛是卫矛科常绿灌木。其叶对生，革质，呈倒卵形，富于光泽。其蒴果近球形，成熟时呈淡红色。

冬青卫矛枝叶密集而常青，部分变种叶色彩斑斓，极具观赏价值。冬青卫矛习性强健，广泛用于园林绿化工作中，常用作绿篱和园景树。冬青卫矛具有萌芽能力强、枝条柔软，耐修剪、易蟠扎等特点，是一种具有推广价值的盆景花木。

5. 杜鹃

杜鹃是杜鹃花科常绿灌木。其分枝多而纤细。其叶革质，常聚集生在枝端，呈卵形。其花冠呈阔漏斗形，一般2~6朵簇生于枝顶，花瓣呈玫瑰色、鲜红色或暗红色。杜鹃喜酸性土壤。杜鹃花萌发力强，花冠色彩鲜艳，根桩奇特，枝繁叶茂，具有较高的观赏价值，是我国的传统观花植物。杜鹃耐修剪、易造型，是优良的盆景植物材料。其中，夏鹃尤其适宜用作蟠扎花木。

6. 六月雪

六月雪是茜草科常绿小灌木。其树皮易剥落，老枝呈深灰色。其叶对生，呈倒披针形，细小，革质。其花单生或数朵簇生，呈白色，花期在5月—7月。六月雪枝叶密集，枝条韧性好而有利于做蟠扎造型，但不易定型。

7. 松柏类植物

在诸多盆景植物材料中，松柏类植物应用广泛，地位极其重要。例如，华山松、黑松、日本五针松、赤松等属于松科，多针叶、钻形叶。又如，圆柏、刺柏、铺地柏、龙柏等属于柏科，多鳞叶、刺叶。

松柏类植物寿命长，树体散发特殊香味，树冠浓密、秀丽。在中华传统文化中，松柏类植物具有青春、长寿和坚贞的寓意。松柏类植物的蟠扎造型多表现老干虬枝、叶细而密，树形古雅。松柏类植物适合制成"舍利干"盆景，富于意境美。

8. 贴梗海棠

贴梗海棠是蔷薇科落叶灌木，有刺。其叶呈椭圆形。其花色艳，簇生于2年生老枝上。其果呈球形或卵球形。贴梗海棠花色醒目，花型端庄，观花效果甚佳。贴梗海棠易于蟠扎、养护，观赏价值较高。

9. 雅榕（小叶榕）

雅榕是桑科常绿乔木，隐头花序。其叶互生，呈窄椭圆形，全缘，革质。雅榕生命力顽强，气生根发达，枝叶密集，易栽植成活，但不耐寒。雅榕易于蟠扎造型，可将枝条组合在一起，将气生根交缠在一起，形成盘曲虬枝、盘根错节的造型效果，极具特色。

10. 小叶黄杨

小叶黄杨是黄杨科常绿灌木，腋生花序。其枝密集，呈圆柱形。其叶薄、革质，呈阔椭圆形或阔卵形，叶面光亮，侧脉明显凸出。小叶黄杨枝叶茂密，叶光亮、常青，是优秀的盆景植物材料。但其老茎硬实、不易弯曲，因而要尽早蟠扎。

11. 紫薇

紫薇是千屈菜科落叶灌木或小乔木。其树皮平滑。其叶对生，呈椭圆形，纸质。其花呈淡红色、紫色或白色，圆锥花序生于顶端。花期在 6 月—9 月。

紫薇是寓意好的观花植物，广泛用于园林绿化工作中，可用作行道树、园景树、造型树或盆景植物。紫薇耐修剪，花顶生、干光滑，但幼枝中空具有脆性、易断而不易成型，因此多蟠扎老枝造型。

12. 火棘

火棘是蔷薇科常绿灌木。其枝呈暗褐色，小枝顶部刺化。其叶呈倒卵形，边缘有钝锯齿。其花呈白色。其果形如圆球，呈橘红色或深红色。火棘的观果期在秋冬两季，长达半年，观果效果甚佳。

火棘根系发达、花繁果多，耐修剪、耐蟠扎，观果期较长，适用于制作观果盆景。

13. 槭树类植物

槭树类植物包括鸡爪槭、三角槭（三角枫）、五角槭（五角枫）等。槭树类植物多是落叶乔木。其叶多为掌状分裂，在秋季落叶前，叶色由绿变红或变黄。其果为翅果。槭树类植物树形优美、叶形秀丽，是常用的秋色叶树种。槭树类植物萌芽力强，根系发达，根蘖性强，耐修剪，适用于制作观叶盆景。

14. 梅

梅是蔷薇科落叶小乔木。其树皮呈灰黑色。其叶呈卵形，有尾尖。其花单生，香味浓，先于叶开放，花呈白色、粉红色、红色。其果近球形，味酸。梅是我国的著名的传统盆景花木，是"岁寒三友"之一。梅花于早春开放，花色丰富，花形极美，花香浓郁，多用于制作观花盆景。一般培养梅的老桩时，少蟠扎、多修剪。梅的蟠扎造型多具有苍劲嶙峋之美。

15. 山茶

山茶是山茶科常绿灌木或小乔木。其叶革质，呈椭圆形，有齿。其花较大，顶生，呈红色、粉色、白色，无柄。其果为蒴果，呈圆球形。山茶是我国著名的传统盆景花

木,多用于制作观花盆景。山茶花是重庆的市花。一般选择开叉较矮、枝数较多、叶片均匀的山茶进行蟠扎。

16. 榔榆

榔榆是榆科落叶乔木。其树皮呈灰褐色,呈鳞状。其1年生枝密被短柔毛,但冬芽无毛。其叶小,呈披针状,单锯齿。榔榆在秋季开花,花小成簇。其果为翅果。榔榆枝叶细密、树皮斑驳、主干苍劲,且萌芽力强,是较好的盆景花木。

(区域)盆景花木档案的建立与运用

操作准备

1. 选定要调查的盆景园。
2. 准备表格,用于记录植物信息。
3. 准备工具书、手机等帮助识别、记录的工具和材料。

操作步骤

步骤1 组织工作

(1)研究表格,了解调查内容和调查标准,明确调查要求。植物调查统计表示例见表4-1。对于植物名称,应使用学名,不应用俗名。体量大小不用逐一测量,通常简单归类为微型(<25 cm)、小型(25~50 cm)、中型(50~100 cm)、大型(>100 cm)、超大型(>250 cm)。在备注处,主要记录尚未统计、需要说明的植物养护管理重要信息,如习性特点、重点花木等。

表4-1　　　　　　　　植物调查统计表示例

调查人员＿＿＿＿＿＿

调查区域＿＿＿＿＿＿

序号	植物名称	体量大小	状态	盆景形式	盆钵	区域	备注
001	罗汉松	中型	成品	对拐式(规则式)	素烧盆(三号盆)	甲区池边	
002	乌柿	小型	生桩	卧干式(自然式)	塑料盆	丙区养护区	
003	米仔兰	小型	成品	直立式	鞍形紫砂盆	丁区展览区	不耐低温
004	柽柳	小型	成品	水畔式	大理石浅盆	乙区展览区	喜碱性土壤

续表

序号	植物名称	体量大小	状态	盆景形式	盆钵	区域	备注
005	针柏	中型	成品	悬崖式	加釉筒盆	丁区展览区	

（2）将盆景园进行分区，对人员进行分组。每项工作应落实到人，学员或记录，或查询，或核实，或测量。

步骤2　开展调查，做好记录

学员分组调查并在表格中做好记录。如果将盆景园分成4个区域，那么学员可以分成4组，每组负责调查2个区域。

步骤3　复查、汇总和建档

（1）收集、汇总调查情况。因为每个组调查2个区域，所以每个区域的信息会重复出现。教师通过对重复区域的植物数量、种类进行比较，可以考查学员的能力和态度，检验调查结果的科学性、准确性。如果出现较大的差异，则需要相关小组重新调查。

（2）建档。将表格中记录的信息录入计算机的电子表格中，形成电子档案，方便随时存储和查询。

步骤4　档案的后续利用

（1）定期对各区域植物进行调查，特别是出现死亡、销售、购买等情况时，要记录详情、定时归档。

（2）按照植物种类建立管理月历，便于安排养护管理工作，如季节性的施肥、盆景造型修剪等工作。

（3）按照植物习性进行环境临界预警值设置。例如，在秋季，当预报当地气温为7～12℃，最低温度接近不耐寒植物的生长低温值（5℃）时，可能存在小气候差异而危及不耐寒植物。此时，需要重点观察各区域的温度计读数，并调阅电子档案，找出不耐寒植物的种类、数量、位置，评估工作量，对人员、工具和材料进行合理安排，

静观花木蟠扎

采取套袋等措施或将植物搬入塑料大棚、温室等避寒。

注意事项

1. 对于尚不认识的盆景植物，学员应仔细识别。
2. 注意团队协作，应分工明确，并保持良好的沟通和协作。

测试题

一、判断题（下列判断正确的请打"√"，错误的请打"×"）

1. 六月雪的花是黄色的。（   ）
2. 雅榕气生根发达，易栽植成活，但不耐寒。（   ）
3. 槭树类植物多是落叶植物，在秋季叶变色时具有绚丽多姿的观赏效果。（   ）
4. 紫薇的花期在春季。（   ）
5. 在盆景花木档案的建立过程中，要使用俗名作为植物名称进行记录。（   ）
6. 定期更新档案和按植物种类建立管理月历，是利用档案的基础。（   ）

二、单项选择题（选择一个正确的答案，将相应的字母填入题内的括号中）

1.（   ）不是盆景花木的形态特征要求。

   A. 根露   B. 干细
   C. 枝密   D. 叶细

2.（   ）不是盆景花木的习性要求。

   A. 环境适应能力要强   B. 生长速度要快
   C. 寿命要长   D. 抗性要强

3. 以下盆景花木属于落叶大乔木的是（   ）。

   A. 罗汉松   B. 冬青卫矛   C. 银杏   D. 山茶

4. 不适于制作观花盆景的植物是（   ）。

   A. 海棠   B. 杜鹃   C. 银杏   D. 紫薇

5. 不适于制作观果盆景的植物是（   ）。

   A. 火棘   B. 杜鹃   C. 乌柿   D. 银杏

6.（   ）是先花后叶的植物。

   A. 贴梗海棠 B. 杜鹃   C. 梅   D. 六月雪

7. 微型盆景的高度一般（   ）cm。

   A. <25   B. 在 25~50
   C. 在 50~100   D. <10

测试题参考答案

一、判断题

1. × 2. √ 3. √ 4. × 5. × 6. √

二、单项选择题

1. B 2. B 3. C 4. C 5. B 6. C 7. A

学习单元 2

盆景花木的养护

一、盆景花木的栽培生态

1. 光照、温度、水分、空气和养分

光照（光）、温度（热）、水分（水）、空气（气）和养分（肥）是盆景花木生长所必需的基础要素。合适的光照能促进盆景花木的光合作用；适宜的温度是盆景花木正常生长发育的必要条件；适宜的浇水量和浇水频率可以防止盆景花木根系腐烂，保证水分供应；良好的空气流通有助于预防病虫害；合理的施肥是提供必要养分的关键。管理上述基础要素，可以有效优化盆景花木的生长环境。

盆景花木的栽培环境多为半保护地，对光、热、水、气、肥这些生态条件可以做到较好的人工控制和调节。通常要尽可能为盆景花木提供适宜的生态条件，但在一个盆景园中，往往花木种类丰富，不同种类的花木习性有一定差异，因而实际上难以全面或者随时满足盆景花木的生态要求。

2. 土壤环境

土壤环境包括土壤的结构、质地、有机质含量、pH 值等。土壤环境对盆景花木的健康生长至关重要。土壤应具有良好的排水性和保水性，以适应盆景花木对水分的需

求。同时，土壤应富含盆景花木生长所必需的矿物质，以满足盆景花木的营养需求。应定期更换或改良盆土，以防止营养耗尽和盐分累积。

注意，盆土的多少受限于盆钵的大小，因而所能提供的养分、水分有限。另外，土壤可以对光、热、水、气、肥产生影响，如浅色盆土反光，深色盆土更吸热，板结的土壤会影响根系的通气和排水，碱性土壤会影响养分吸收的有效性。

3. 杂草、病虫害的影响

由于生态条件相对良好，因此盆土容易滋生大量杂草。杂草与盆景花木形成竞争关系，杂草会抢夺土壤中的养分，导致土壤表层板结，影响盆景的美观度，同时增加养护工作量。因此，需要经常性地去除杂草。

盆景花木的生长空间有限，加之经常性地对其进行修剪、蟠扎，因而更容易受到病虫害的侵害，以致健康状况变差，出现生长不良甚至死亡的现象。因此，应重视盆景花木的病虫害防治工作。

4. 养护管理

盆景花木多生长在人工控制环境中，其生长状况高度依赖人的养护管理。养护管理主要包括日常浇水、定期施肥、适时修剪、病虫害防治等工作。养护人员需要具备一定的植物养护知识，具有高度的责任心，能够根据各种花木的习性特点和生长需要进行科学管理，在修剪造型、控制生长、提高观赏性和维持健康之间找到平衡点。

二、常见病虫害的种类及防治

常见的病害有真菌、细菌或病毒引起的疾病，而害虫则主要包括昆虫、螨虫、线虫等。防治病虫害是盆景养护的重要环节。

1. 病虫害的种类

（1）病害的种类

1）真菌性病害。真菌性病害的特点是有病斑，病斑形状、颜色各异：病斑上常有霉变物、锈状物或粉状物；一般病变处无臭味，但部分有发霉气味。常见的病害有白粉病（见图4-1）、锈病（见图4-2）、煤污病（见图4-3）、黑斑病（见图4-4）、褐斑病、霜霉病等。

图 4-1 月季白粉病

图 4-2 柏树锈病

图 4-3 罗汉松煤污病

图 4-4 乌柿黑斑病

2)细菌性病害。细菌性病害的主要危害是造成植物坏死与腐烂、萎蔫与畸形。植物出现细菌性病害后,网状叶脉上的病斑多有黄色晕环,而果实上的病斑则多呈圆形;有的部位会形成肿瘤,在根或茎上可能出现流脓、流胶(见图4-5)的情况;部分病患处有臭味。患细菌性穿孔病的桃的叶片和果实如图4-6所示。

3)病毒性病害。病毒性病害的症状主要表现在嫩叶上,这类病害很难根治,但好在其对植物生长的影响较小。

(2)虫害的种类

1)吸汁类虫害。吸汁类虫害是盆景花木的常见虫害。为害的害虫有蚜虫、蚧壳虫、粉虱、蝉、红蜘蛛等。它们大多个体小、危害大、难防治,会导致叶片卷曲、失

图 4-5 流胶

图 4-6 患细菌性穿孔病的桃的叶片和果实

绿、黄化、枯焦、增生,以及提前落叶、果实畸形等。害虫吸汁形成的伤口又会增加病害的感染概率。红蜘蛛危害(杜鹃)如图 4-7 所示。

2)食叶类虫害。食叶类虫害是伤害最明显、危害速度最快的虫害。为害的害虫有刺蛾、螟蛾、毒蛾、夜蛾、尺蛾、叶甲、叶蜂等。其幼虫取食叶片,常咬出缺口或仅留叶脉,甚至将叶片全吃光。黄刺蛾幼虫危害及成虫(红叶石楠)如图 4-8 所示。

图 4-7 红蜘蛛危害(杜鹃)

图 4-8 黄刺蛾幼虫危害及成虫(红叶石楠)

3)蛀干类虫害。蛀干类虫害对盆景花木造成的伤害最严重。为害的害虫有天牛、白蚁、吉丁虫等。其幼虫在枝干内生活、蛀食而危害花木生长。花木受害后,轻者枝干被蛀食至千疮百孔,重者主干被蛀空、枯萎而亡。天牛幼虫危害及成虫如图 4-9 所示,白蚁危害如图 4-10 所示。

4)根部虫害。为害的害虫有蝼蛄、蛴螬、金针虫、地老虎等。它们多在地下土壤中伤害根系,花木受害后轻者萎蔫、生长迟缓,重者干枯而死。栽培盆景花木的盆土

图 4-9 天牛幼虫危害及成虫

图 4-10 白蚁危害

量有限,且来源多卫生、无污染,因而出现根部虫害的情况较少。

5)其他虫害。潮湿的环境容易滋生蜗牛和蛞蝓(见图 4-11)等软体动物,应注意防范。对于松属植物,要严防松材线虫为害。松材线虫会导致松属植物枯死,其受害后木质部会发蓝。

图 4-11 蜗牛和蛞蝓

2. 病虫害的防治

盆景花木的病虫害防治原则是预防为主、综合防治。应根据病虫害情况和花木的生长特点,采取多种措施相结合的方式进行综合防治。

(1)栽培防治。保持盆土湿润但不过湿,及时清除枯叶和杂草,以减少病虫害的发生概率；定期检查盆景花木的生长状况，保证肥水正常，保持其健康生长，提高其抗病性。

（2）物理防治。采用物理方法进行防治，如用粘虫板（见图4-12）或粘虫带诱捕害虫，或人为捕捉较大、较集中的害虫。

图4-12 用粘虫板诱捕害虫

（3）化学防治。化学防治见效快、效果好，是盆景花木出现严重病虫害时最常用的防治方法。在必须使用化学农药进行防治时，要注意选择低毒、高效、易降解的农药，并按照使用说明规定的剂量和使用方法进行施用。同时，在一段时间内减少人员与施药花木的接触。

（4）生物防治。利用天敌、寄生虫等生物资源进行防治，如放养瓢虫、捕食螨等捕食性昆虫，或使用微生物制剂进行防治。这种防治方法环保、安全，但效果较慢，而且防治目标较单一。

操作技能

换盆

操作准备

1. 准备大小和材质合适的新盆，以及适合植物生长的新土。
2. 准备花铲、花耙、剪刀、镊子、浇水壶等工具，以及个人防护用品。
3. 准备需要换盆的树桩盆景，停止浇水一段时间，使土壤稍干而便于脱盆。

操作步骤

步骤1 脱盆

斜放花盆,适度敲打盆壁,挖松土壤,使盆与土分离后,小心地取出树桩,如图4-13所示。

步骤2 清理旧土、整理苗木根系

(1)用工具轻轻去除底土、肩土,保留中心部分的护根土(至少占原土体积的1/3),如图4-14所示。

(2)整理土团,检查根系,剪掉过长、板结、干枯的根须,如图4-15和图4-16所示。

图4-13 脱盆

图4-14 保留中心部分的护根土

图4-15 整理土团

图4-16 剪掉干枯根

步骤 3　上盆

（1）垫盆。垫好排水口，在新盆底部铺一层粗土，如图 4-17 所示。

（2）上苗。将树桩放入新盆中，调整位置，找到最佳观赏面，如图 4-18 所示。

（3）填土。用新土填充盆内空隙，一边填土一边轻轻压实，如图 4-19 所示。

（4）浇水。浇透水，让土壤充分湿润，使根与土充分结合，如图 4-20 所示。

图 4-17　垫盆

图 4-18　上苗

图 4-19　填土

图 4-20　浇水定根

步骤 4　养护

（1）适当修剪、蟠扎，造型效果如图 4-21 所示。

（2）将树桩盆景置于荫蔽环境中养护 10 天左右，避免阳光直射和强风吹拂。

图 4-21　造型效果

注意事项

1. 一般在植物的休眠期或生长初期换盆，避免在生长旺盛期换盆，以免影响植物生长。
2. 应小心操作，避免损伤树桩的重点枝干。
3. 新盆的大小要适中，过大或过小都不利于树桩生长。
4. 在换盆后的一段时间内，要密切观察树桩的生长状况，如有异常应及时处理。

肥水管理

操作准备

1. 准备肥料、水源。
2. 准备浇水壶、水管、秤、量筒等工具，以及个人防护用品。

操作步骤

步骤 1　制定肥水管理方案

判断浇水及施肥的必要性，确定浇水方式和肥料类型，制定肥水管理方案。

（1）确定浇水方式。需要综合考虑以下几个方面的因素来确定浇水方式。

1）看植物，植物的习性不同、生长时期不同，浇水量也不同。在植物的需水量最大期和需水量临界期要多浇水，在花期、休眠期要少浇水。

2）看环境，包括环境温度、季节、光照条件等。温度高、日照强时要多浇水；在阴天要少浇水；在春夏季要多浇水，在秋冬季要少浇水。

3）看盆土，包括土壤的质地、含水量和土量。黏土保水性好，可以少浇水；土壤干燥、土量少时应多浇水。

4）看花盆，包括花盆的大小、材质。使用塑料质地的小花盆时，宜频繁浇水；使用陶质、瓦质的大花盆时，因其储水能力较强，故浇水次数可以少一些。

（2）把握肥水管理原则和要求

1）肥水管理原则为浇则浇透、间干间湿、薄肥勤施。

2）应控制盆景植物的生长量，维持其大小和形态，因而肥量要小，但是肥素要全。

3）通常定期施肥，在生长期每2个月施一次稀薄全素肥，在休眠期可延长到每3个月施一次；或在生长关键时期补充速效肥，如在新梢生长期补充氮肥，在花期补充磷钾肥，在果期补充硼肥等。

步骤2　浇水、施肥

（1）浇水方法包括喷淋、灌根和喷雾，部分盆景植物需要浸盆。通常应控制浇水量，简单的方法是观察花盆排水孔有无水渗出，有水渗出则说明浇水量足够了。

（2）按照肥料使用说明中提到的方法规范使用肥料，先计算，再称量，然后调配。肥料的称量精度要求通常没有农药、激素那么严格，可以使用生活中常见的计量容器。施肥方法包括穴施、随水施用等，以随水施用为主，可以使用专用施肥盒。对于硼肥、磷酸二氢钾等化肥，可根外喷雾施肥。

步骤3　检查

（1）部分盆土会因为存在暗缝而引起漏水，故浇水后需要检查。可以选择一两株易萎蔫的盆景植物，用花铲挖掘不同深度的盆土，检查土壤含水量。一旦出现漏水情况，应及时翻盆。

（2）浇水时冲刷掉过多表土时要补填土壤，如图4-22所示；将树桩冲斜时需要扶正。

（3）盆内有积水时要排水，土壤过于板结时要松土（见图4-23）、翻盆或换盆。

（4）综合考虑土壤湿度与相对空气湿度情况，必要时喷雾加湿。

注意事项

1. 施肥前可以先扦盆，除去杂草，疏松表土。

2. 在夏季的中午不可浇水。

3. 在冬夏两季，应检查水管中水的温度是否存在剧烈变化的可能性，若有则需要放掉过冷或过热的水。

图 4-22 补填土壤　　　　　图 4-23 松土

修剪造型——日常修剪维护

操作准备

1. 准备修枝剪、剪刀、园林锯等工具，以及个人防护用品。
2. 准备绑扎材料，如金属丝、棕丝、布条、胶带等。
3. 准备树桩盆景，并进行初步观察。

操作步骤

步骤1　明确造型目标

造型目标主要分为以下三类。

（1）整体造型目标。此类造型目标工作量最大，多针对新植桩胚。

（2）局部调整目标。此类造型目标会改变整体空间结构，多针对原造型关键枝干受伤、坏死的盆景植物。

（3）维持造型目标。此类造型目标是最常见的，多指定期进行的日常修剪维护工作。

步骤2　蟠扎、修剪塑形

（1）观察、了解树桩盆景造型的整体空间结构和细节，确定目标形态。如图4-24所示，需要剪短影响形态的长枝和根蘖枝。

（2）使用绑扎材料对需要弯曲或调整角度的枝条进行蟠扎、固定，调整枝条的伸展方向和生长角度，使其符合目标形态要求。

图 4-24　需要剪短影响形态的长枝和根蘖枝（盆景创作：聂廷学）

（3）修剪塑形，去除病枝、枯枝、交叉枝和徒长枝。按照造型需要，剪掉影响整体美观性和协调性的多余枝条。对于前期养护管理良好的树桩盆景，仅需剪短影响造型的长枝和根蘖枝。

步骤 3　整体与局部的调整

（1）观察整体空间结构，调整枝盘的方向和大小、树冠的比例，使其符合造型要求。

（2）处理细节，修剪叶片，保持叶片疏密适度，突出层次感，使造型更加精致。

日常修剪维护前后的树桩盆景如图 4-25 所示。

修剪维护前　　　　　　　　　修剪维护后

图 4-25　日常修剪维护前后的树桩盆景（盆景创作：聂廷学）

步骤 4　养护

（1）清理剪下的枝叶和杂物。

（2）对于修剪后出现较大伤口的部位，可涂抹植物愈合剂促进伤口愈合。

（3）采用灌根法浇水，以减小因伤口沾水而感染的可能性。

注意事项

1. 在修剪前认真观察，充分了解原造型的空间结构。

2. 避免在夏季高温、梅雨季节时进行大规模修剪。

3. 应了解植物的生长习性，花芽分化时间和位置不同、发芽能力和成枝能力不同，修剪时间和方法多有变化。

病虫害防治

操作准备

1. 准备手套、口罩、护目镜等个人防护用品，保护自身安全。

2. 准备药剂、工具等。根据常见的病虫害类型，准备相应的灭菌剂、杀虫剂。准备用于喷洒药剂的喷雾器等工具。

3. 准备警示牌。由于人与树桩盆景接触的机会较多，因此在采取防治措施后，要设置警示牌进行提醒。

4. 准备有病虫害的树桩盆景。

操作步骤

步骤 1　观察与诊断

仔细观察树桩盆景，特别是枝干、叶片、根部、花、果等部位，查看病虫害的严重程度，收集不健康的样本，研究是生理性病害还是外力造成的物理性伤害，是病毒性、真菌性、细菌性病害还是虫害。根据所观察到的情况仔细分析，诊断病虫害的类型。如图4-26所示，在罗汉松叶片上发现白色团状、丝状物，近距离观察有虫体结构，挤压虫体有红色体液，则诊断为蚧壳虫虫害。

图4-26　罗汉松叶片上的白色团状、丝状物

步骤 2　选择防治方法

根据病虫害的类型和严重程度，选择合适的防治

方法。本例中，蚧壳虫危害较重，虫体细小，不利于大范围手工去除，故综合采用物理、化学防治方法。蚧壳虫属于吸汁类虫害，首选新烟碱类杀虫剂，如吡虫啉等。

步骤 3　实施防治

（1）采用物理防治方法时，可以用镊子或刷子小心地清除害虫和病叶。

（2）采用化学防治方法时，先选药剂并认真阅读使用说明，然后根据防治面积计算需要的药剂量和水量，再称量、调配药剂溶液，最后用喷雾器均匀地将药剂溶液喷洒在植株上。注意，叶片正反两面和枝干都要喷到。具体的化学防治过程如图 4-27 所示。

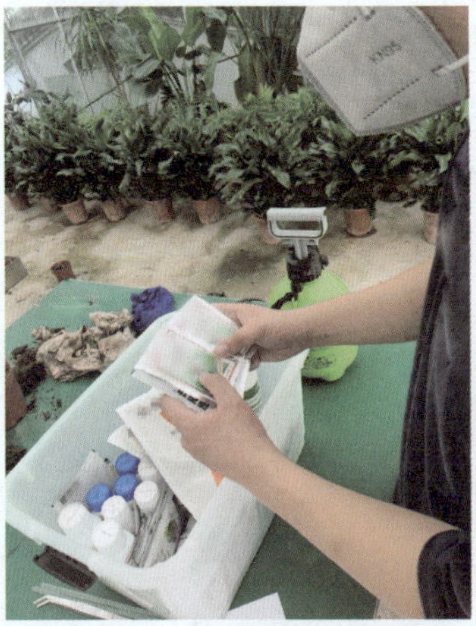

选药剂

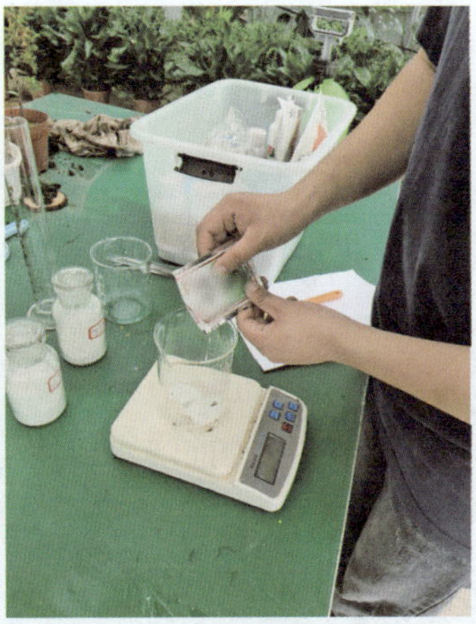

计算与称量

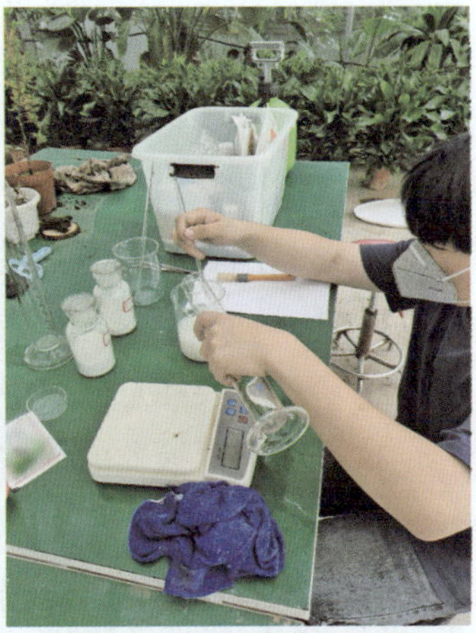

调配

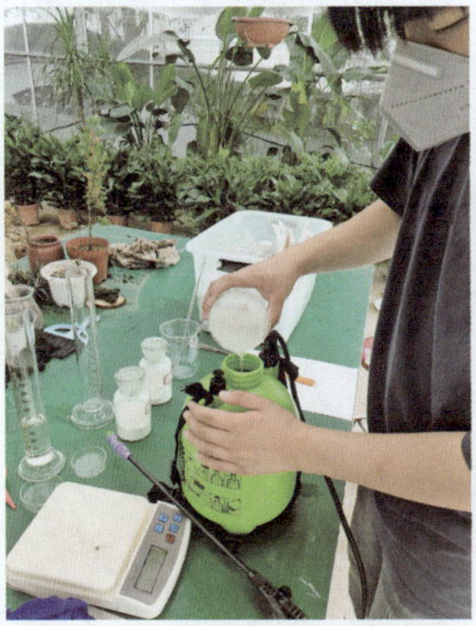

装药

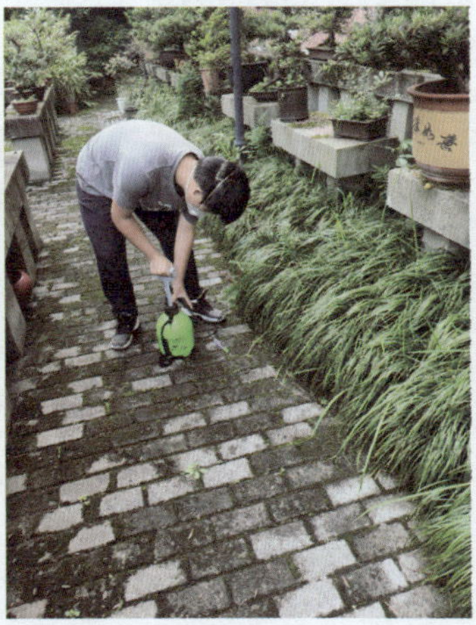

加压

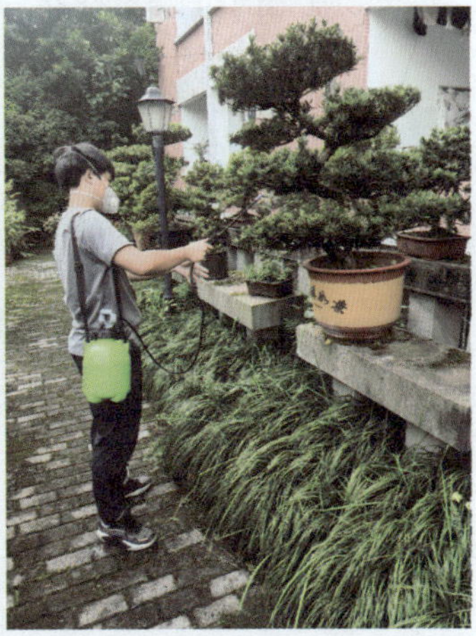

喷洒

图 4-27　具体的化学防治过程

步骤 4　记录、标记与跟踪

（1）详细记录防治的过程，包括使用的药剂种类、药剂量以及防治时间等。

（2）设置警示牌，提醒病虫害防治情况。

（3）定期观察树桩盆景，跟踪病虫害的防治效果，如有必要再次防治。

注意事项

1. 选择药剂时，要注意药剂的安全性和环保性，避免对人体和环境造成危害。
2. 操作人员在操作前应做好个人防护措施，操作后应洗手、洗脸。
3. 严格按照使用说明使用药剂，避免因为不规范使用而影响防治效果。
4. 定期对树桩盆景进行检查，做到早发现、早防治，降低病虫害的危害程度。

测试题

一、判断题（下列判断正确的请打"√"，错误的请打"×"）

1. 盆景园长期供人观赏，盆景花木与人接触较多，在喷施农药后，应设置警示牌予以提醒。　　　　　　　　　　　　　　　　　　　　　　　　（　　）
2. 翻盆时要注意保留中心部分的护根土。　　　　　　　　　　　　（　　）
3. 准备需要换盆的树桩盆景时，需要提前浇水，使土壤潮湿、松软而便于脱盆。
　　　　　　　　　　　　　　　　　　　　　　　　　　　　　　（　　）
4. 肥水管理原则是浇则浇透、间干间湿、薄肥勤施。　　　　　　　（　　）
5. 在夏季高温、梅雨季节，植物生长速度快，适宜进行大规模修剪。（　　）
6. 施肥前可以先扦盆，除去杂草，疏松表土。　　　　　　　　　　（　　）

二、单项选择题（选择一个正确的答案，将相应的字母填入题内的括号中）

1. 盆景花木的栽培生态特点不包括（　　）。

   A. 肥水对人有依赖　　　　　　　　B. 盆土所能提供的养分、水分丰富
   C. 空间局促　　　　　　　　　　　D. 光热可控

2. （　　）不属于真菌性病害的特点。

   A. 病斑上有霉状物　　　　　　　　B. 病斑上有粉状物
   C. 病斑上有锈状物　　　　　　　　D. 根或茎上流脓、流胶

3. （　　）是吸汁类害虫。

   A. 蚜虫　　　　　B. 螟蛾　　　　　C. 蜗牛　　　　　D. 刺蛾

4. （　　）是食叶类害虫。

   A. 白蚁　　　　　B. 地老虎　　　　C. 天牛　　　　　D. 刺蛾

5. （　　）是蛀干类害虫。

   A. 蚧壳虫　　　　　　　　　　　　B. 红蜘蛛

C. 天牛 D. 松材线虫

6. 盆景花木的病虫害防治原则是（　　）。

A. 预防为主、综合防治　　B. 物理防治为主、化学防治为辅

C. 预防为主、治疗为辅　　D. 多观察、少干预

7. 上盆的正确步骤是（　　）。

①浇水　②垫盆　③上苗　④填土

A. ①②③④ B. ④①②③

C. ②③④① D. ②①③④

测试题参考答案

一、判断题

1. √　2. √　3. ×　4. √　5. ×　6. √

二、单项选择题

1. B　2. D　3. A　4. D　5. C　6. A　7. C

附录1 静观花木蟠扎专项职业能力考核规范

一、定义

运用相关技能，使用棕丝（或金属丝），对以罗汉松等为代表的花木，进行主干、枝盘、顶部的蟠扎，使其达到特定传统规则式造型的能力。

二、适用对象

运用或准备运用静观花木蟠扎专项职业能力求职、就业的人员。

三、能力标准与鉴定内容

能力名称：静观花木蟠扎　　　　　　　　　　　　　　　职业领域：盆景师

工作任务	操作规范	相关知识	考核比重
（一）选材	能正确选择高度、直径、分枝、生长状态适合的苗木	1. 罗汉松形态学知识 2. 罗汉松习性知识	10%
（二）蟠扎主干	1. 能按特定造型规范要求蟠扎主干，弯曲度、方向正确，棕丝绑扎手法正确，效果牢固 2. 能调节主干整体比例，各弯大小、弯曲度适合、协调，造型美观，符合标准 3. 能正确利用站棍辅助做造型，要求绑扎稳定，使主体稳固 4. 能保证主干无大断裂（出现小断裂应能及时处理），手法娴熟	1. 棕丝绑扎技巧 2. 蟠扎基本技法 3. 主干造型知识	50%
（三）蟠扎枝盘	1. 能在正确位置出枝，角度标准 2. 能按标准对侧枝进行蟠扎，形成枝盘 3. 能适当修剪与处理叶片	1. 棕丝或金属丝蟠扎技巧 2. 枝盘造型知识 3. 修剪技法	20%
（四）蟠扎顶部	能按标准要求处理顶部枝条，蟠扎造型	顶部蟠扎技法	10%
（五）养护蟠扎苗	能打扫卫生、浇水养护，做好后期管理工作	养护知识	10%

四、鉴定要求

(一)申报条件

达到法定劳动年龄,具有相应技能的劳动者均可申报。

(二)考评员构成

考评员应具备一定的静观花木蟠扎专业知识和操作技能,具有相关从业经验或者职业技能考评经验。每个考评组中不少于3名考评员。

(三)鉴定方式与鉴定时间

技能操作考核采取实际操作和口述的方式。技能操作考核时间不少于60 min(造型不少于40 min、养护不少于20 min)。

(四)鉴定场地与设备要求

考场面积不小于60 m^2,场地光线充足、整洁无干扰,空气流通,具有安全防火措施。设备(单人)包括但不限于:适合做造型的盆景苗木1盆,培养土1份,棕丝10根,金属丝10根,修枝剪1把,站棍2根,浇水壶1个,松土工具1套。

附录2 静观花木蟠扎专项职业能力培训课程规范

培训任务	学习单元	培训重点难点	参考学时
（一）静观花木蟠扎基础知识	1. 蟠扎和盆景制作知识	重点：蟠扎的作用 难点：蟠扎在树桩盆景制作中的实际运用	12
	2. 盆景和静观花木蟠扎知识	重点：盆景的类型、流派，规则式和自然式树桩盆景 难点：静观花木蟠扎的特色	
	3. 静观花木蟠扎的文化内涵	重点：静观花木蟠扎的文化价值和历史传承 难点：培养学员学习静观花木蟠扎技艺的兴趣	
（二）工具、材料和基本技法	1. 常用工具和材料	重点：常用的蟠扎工具和材料 难点：在具体的工作任务中使用工具和选择材料	22
	2. 静观花木蟠扎基本技法	重点：静观花木蟠扎的基本技法 难点：蟠扎基本技法的具体运用	
（三）静观花木蟠扎造型	1. 规则式造型	重点：了解常用的静观花木蟠扎造型；按照蟠扎的基本步骤，运用蟠扎的基本技法完成特定造型 难点：综合运用各种蟠扎技法达到造型目的	26
	2. 自然式造型	重点：设计并完成自然式树桩盆景的蟠扎造型 难点：合理设计造型，根据造型目的应用适宜的蟠扎技法	
（四）盆景花木的选择和养护	1. 盆景花木的选择	重点：盆景花木的选择要求和常用盆景花木的知识 难点：盆景花木的习性特点	20
	2. 盆景花木的养护	重点：采取合理的养护管理措施，保证盆景花木健康生长 难点：通过修剪整形、蟠扎维护，保持和提高盆景花木的观赏价值	
总学时			80

注：参考学时是培训机构开展的理论教学及实操教学的建议学时，包括岗位实习、现场观摩、自学自练等环节的学时。